基于不连续 Galerkin 方法的浅水运动模拟

[美] Abdul A. Khan　　[中] Wencong Lai　著

珠江水利委员会珠江水利科学研究院
胡晓张　宋利祥　译

中国水利水电出版社
www.waterpub.com.cn

·北京·

北京市版权局著作权合同登记号：01-2020-2428

图书在版编目（ＣＩＰ）数据

基于不连续Galerkin方法的浅水运动模拟 / （美）阿卜杜勒·A.可汗（Abdul A. Khan），赖文聪著；胡晓张，宋利祥译. -- 北京 : 中国水利水电出版社，2020.7

书名原文：Modeling Shallow Water Flows Using the Discontinuous Galerkin Method

ISBN 978-7-5170-8623-9

Ⅰ.①基… Ⅱ.①阿… ②赖… ③胡… ④宋… Ⅲ.①加辽金法－应用－浅水波－水力学－数值模拟－研究 Ⅳ.①TV139.2

中国版本图书馆CIP数据核字(2020)第102592号

书　　名	**基于不连续 Galerkin 方法的浅水运动模拟** JIYU BULIANXU GALERKIN FANGFA DE QIANSHUI YUNDONG MONI	
作　　者	［美］Abdul A. Khan　　［中国］Wencong Lai　著 珠江水利委员会珠江水利科学研究院 胡晓张　宋利祥　译	
出版发行	中国水利水电出版社 （北京市海淀区玉渊潭南路 1 号 D 座　100038） 网址：www. waterpub. com. cn E-mail：sales@waterpub. com. cn 电话：(010) 68367658（营销中心）	
经　　售	北京科水图书销售中心（零售） 电话：(010) 88383994、63202643、68545874 全国各地新华书店和相关出版物销售网点	
排　　版	中国水利水电出版社微机排版中心	
印　　刷	北京瑞斯通印务发展有限公司	
规　　格	184mm×260mm　16 开本　10.25 印张　242 千字　4 插页	
版　　次	2020 年 7 月第 1 版　2020 年 7 月第 1 次印刷	
印　　数	0001—1000 册	
定　　价	**88.00 元**	

内 容 提 要

　　不连续 Galerkin 方法结合了有限体积法和有限元法的优点，是求解双曲型方程的有效工具。本书围绕不连续 Galerkin 方法的理论基础与实际应用，介绍了不连续 Galerkin 方法的发展历程及一般计算步骤，重点阐述了该方法在一维、二维浅水运动模拟及污染物运移模拟中的应用，提供了一系列用于数值模型精度检验的经典测试案例，并讨论了不连续 Galerkin 方法的特点。

　　本书可供设计院、科研院所、高等院校等模型研发与应用人员以及高等院校相关专业师生阅读和参考。

作者简介

　　Abdul A. Khan 博士为美国克莱姆森大学（南卡罗来纳州）土木工程系的副教授，他获得了加拿大埃德蒙顿阿尔伯塔大学博士学位。Khan 博士先后在美国国家水文科学与工程计算中心与密西西比大学工作。他在河流水力学、溃坝流和沉积物的模拟计算领域中的研究工作已超过 20 年，在期刊上发表了近 50 篇相关研究的文章，其中包括多篇关于河流洪水和溃坝水流模型的论文。Khan 博士最近与其他学者合作编写了一本书《泥沙运移监测、建模和管理》（Nova Science 出版社，2013 年）。

　　Wencong Lai 博士本科毕业于华中科技大学（2008 年），先后于美国克莱姆森大学获得土木工程应用流体力学专业的硕士学位（2010 年）和博士学位（2012 年）。他现在是怀俄明大学的一名博士后研究人员和 CI - WATER 高分辨率多物理流域建模团队的成员。Lai 博士的研究重点是计算水力学和水文学。他开发了使用不连续 Galerkin 有限元法模拟自然河流和流域中一维和二维浅水流的数值模型。Lai 博士是美国地球物理学会（AGU）会员。

译者序

　　具有自由表面、水深相对波长较小、满足静水压力分布的实际水流可作为浅水运动处理。浅水运动模拟被广泛用于河道、地表、河口及外海区的水（潮）流计算，也是污染物、泥沙运移等水动力伴生过程模拟的基础。自 20 世纪 50 年代以来，计算浅水动力学一直是学术界热点研究领域，涌现了一系列数值模拟方法，包括有限差分法、特征法、有限体积法和有限元法等。

　　不连续 Galerkin 方法结合了有限体积法和有限元法的优点，是求解双曲型方程的有效工具。该方法适应复杂几何形状和边界处理，可使用高阶插值函数实现高阶近似，并能通过不连续的元素边界使用各种迎风格式，可有效模拟溃坝洪水等具有急缓流交替的复杂浅水运动。

　　由 Abdul A · Khan 博士和 Wencong Lai 博士共同编写的《基于不连续 Galerkin 方法的浅水运动模拟》一书重点论述了不连续 Galerkin 方法在一维、二维浅水运动模拟中的应用。该书共分为 10 章：第 1 章介绍了不连续 Galerkin 方法的发展历程，第 2 章介绍了不连续 Galerkin 方法的一般计算步骤，第 3～5 章介绍了不连续 Galerkin 方法在一维浅水流模拟方面的应用，第 6～8 章介绍了不连续 Galerkin 方法在二维浅水流模拟方面的应用，第 9 章介绍了基于不连续 Galerkin 方法的一维、二维污染物运移模拟，第 10 章对全文进行了总结并讨论了相关研究主题和潜在应用。

　　本书由胡晓张和宋利祥共同翻译，其中宋利祥翻译了第 2～5 章，胡晓张翻译了第 1 章和第 6～10 章。全书由宋利祥统稿，胡晓张定稿。

　　由于时间仓促和译者水平所限，书中难免有疏漏和不当之处，真诚希望各位读者给予批评指正。

译者

2019 年 11 月于广州

前言

    数值模拟已经成为水资源项目规划、设计、评估，特别是河流动力学专业研究和工作中不可或缺的一部分。大部分河流和近海岸带水流运动属于浅水流。浅水流的控制方程属于双曲型方程，因而在数值模拟方面需要特别注意。应用于浅水流的数值方法必须能够捕获激波并能够处理干/湿边界。近 20 余年来，有限差分法、有限体积法和有限元方法在浅水流模拟中已得到广泛应用。随着计算建模领域的不断发展，这些领域的新技术也正在被开发。同时，有望应用于模拟浅水流的新型计算方法也正在研发中，本书提出的不连续 Galerkin 方法就是这样的一种方法。

    本书介绍了不连续 Galerkin 方法在浅水流模拟中的应用并提供了实现该方法的必要背景信息。本书研究了一维和二维浅水流动，并用深度平均流动方程表示（在一维浅水流的情况下取断面平均），讨论了浅水流方程式的不同形式及其求解方法，提供了实施该方法的详细步骤。本书可供研究生学习，也可供工程师和研究人员参考。

    本书提供了作者努力收集到的多个试验算例。这些试验算例验证了不连续 Galerkin 方法在浅水流模拟中的有效性。读者可以在研究不连续 Galerkin 方法时使用这些试验并和本书结果进行比较。另外，这些试验算例为验证新方法提供了一个很好的平台。

目录

第 1 章

导　　论

　　计算建模是河流动力学分析、设计和评估中不可或缺的一部分。有限差分法、有限体积法和有限元法是河流数值模拟的常见方法。这些方法有利有弊。近几十年来，不连续 Galerkin（Discontinuous Galerkin，DG）方法，又称不连续有限元方法，在计算流体动力学（CFD）中受到了极大的关注。不连续 Galerkin 方法结合了有限体积法和有限元法的优点。

　　本书简单介绍了不连续 Galerkin 方法的发展历史，进行了非矩形河道的一维浅水流、水平河床渠道的二维浅水流、变化河床渠道的二维浅水流的应用研究，并进一步探索了不连续 Galerkin 方法在一/二维污染物运移试验中的应用。

1.1　历史概述

　　不连续 Galerkin 方法首先由 Reed 和 Hill（1973）引入用于求解稳态中子输运的方程。近似解是逐个单元计算的。由于方程的线性特性，这些单元是基于特征方向的有序排列。在局部平滑近似处理方面，LeSaint 和 Raviart（1974）证明了当使用三角形单元和笛卡尔网格单元时，该方法的收敛率分别是阶数 $(\Delta x)^k$ 和 $(\Delta x)^{k+1}$；Johnson 和 Pitkäranta（1986）进一步证明该方法对一般网格具有收敛速度 $(\Delta x)^{k+1/2}$；Peterson（1991）证实这是最优收敛速度；Lin 和 Zhou（1993）完成了分析线性问题的非光滑解。

　　不连续 Galerkin 方法的早期应用涉及弹性介质波传播（Wellford 和 Oden，1975）、模拟抛物型方程（Jamet，1978）以及模拟黏弹性流（Fortin 和 Fortin，1989）。Chavent 和 Salzano（1982）将不连续 Galerkin 方法应用于一维非线性标量守恒定律，使用了不连续 Galerkin 空间分段线性单元和前向欧拉方法进行时间离散化。除非使用限制性很强的时间步长，否则该显式格式属于无条件不稳定。为了克服这个问题，Chavent 和 Cockburn（1987）引入了合适的斜率限制器，从而获得总平均变差值减小（TVDM）方法和总变差有限（TVB）方法。对于 CFL（Courant - Friedrichs - Lewy）数小于或等于 1/2，这些格式都是稳定的。然而，这些格式在时间上只是一阶精度的，并且斜率限制器影响在平滑区域中的数值解的质量。该问题由于引入龙格-库塔不连续 Galerkin 方法（Runge - Kutta Discontinuous Galerkin，RKDG）（Cockburn 和 Shu，1988）而得到改进，该方法合并使用了二阶总变差减小（TVD）龙格-库塔方法和改进的斜率限制器（Shu，1987）。这个显性的龙格-库塔不连续 Galerkin 方法对于 CFL 数小于 1/3 是线性稳定的，而且在光滑的区域保持形式上的准确性，确保激波区域无明显数值振荡，即使对于非凸通量也可以收敛到熵解。

Cockburn 和 Shu（1989）将这种方法扩展到了应用于标量守恒定律，使用通用斜率限制器的高阶龙格-库塔不连续 Galerkin 方法和高阶非线性稳定的龙格-库塔方法。这些龙格-库塔不连续 Galerkin 方法进一步扩展到一维（Cockburn 和 Lin，1989）和多维（Cockburn 等，1990；Cockburn 和 Shu，1998a）具有斜率限制器的系统。在多维空间问题中，高阶总变差减小格式的发展并不如在一维问题中那么简单。Goodman 和 LeVeque（1985）证明了任何总变差减小方法最多都是一阶精度的。因此，总变差减小斜率限制器在更高的维度会降低该方法的精确性到一阶精度。通过引入仅在局部强制执行最大值原则的一般斜率限制器克服了这一问题（Cockburn 和 Shu，1998a），使其与高阶精度兼容。

龙格-库塔不连续 Galerkin 方法是有限体积法（FVM）和有限元法（FEM）的组合，因此，它保留了有限体积法和有限元法的优点：首先，龙格-库塔不连续 Galerkin 方法可以处理复杂的几何形状和边界条件；其次，它可以通过使用高阶插值函数提供高阶近似；再次，它产生局部的单元矩阵，不需要组装全局矩阵，并且是高度可并行化的；此外，由于其矩阵方程的局部性，可以容易实现矩阵尺寸及阶度的自适应调整；最后，龙格-库塔不连续 Galerkin 方法对于对流主导问题的求解效率很高，因为它能通过不连续的单元边界使用各种迎风格式。

然而，不连续 Galerkin 方法也有其缺点，例如与连续有限元相比具有数量较多的变量，处理空间高阶项效率较低。在龙格-库塔不连续 Galerkin 方法应用于非线性二阶双曲型方程方面，Chen 等（1995）通过简单的投影将二阶项近似为合适的有限元空间。Bassi 和 Rebay（1997）运用了龙格-库塔不连续 Galerkin 方法最初的想法到可压缩的纳维-斯托克斯（Narier - Stokes）方程，通过使用中间变量将二阶导数减少到一阶变量。Cockburn 和 Shu（1998b）概括了这些方法并介绍了局部不连续 Galerkin（LDG）方法。局部不连续 Galerkin 方法的基本思路是将原始系统重写为更大的、退化的一阶系统，因此，可以使用局部不连续 Galerkin 方法处理高阶抛物型和椭圆型问题。Gottlieb 和 Shu（1998）提出了总变差减小四阶精度龙格-库塔方法。除了龙格-库塔方法之外，其他方法也可以用于时间离散化，如 Lax - Wendroff 格式（Titarev 和 Toro，2002）。

使用不连续 Galerkin 方法模拟激波，需要使用斜率限制器来抑制虚假振荡。不少文献中叙述了各种斜率限制器（Cockburn 和 Shu，1989；Burbeau 等，2001；Tu 和 Aliabadi，2005；Krivodonova，2007）。近年来，本质非振荡（ENO）、加权本质非振荡（WENO）或埃尔米特多项式加权本质非振荡（HWENO）格式（Qiu 和 Shu，2005；Luo 等，2007）在不连续 Galerkin 方法中已被用作斜率限制器。本质非振荡

（Shu 和 Osher，1988）和加权本质非振荡（Liu 等，1994）方法是在有限差分法和有限体积法框架下开发的，用于实现高阶精度自动捕获激波的方法。在高阶格式中，本质非振荡或加权本质非振荡方法更方便并且比斜率限制器方法更稳定。

最近，通用的 $P_N P_M$ 方法被提出来，提供统一的构造有限体积法和不连续 Galerkin 方法的框架（Dumbser 等，2008；Dumbser，2010）。关于不连续 Galerkin 方法的理论开发、数值应用和最新研究可以在文献中找到（Cockburn 等，1998；Hesthaven 和 Warburton，2008；Wang，2011；Lai 和 Khan，2011b；Lai 和 Khan，2012b；Lai 和 Khan，2013）。

1.2 本书架构

由于不连续 Galerkin 方法是求解一阶双曲型方程的有效工具，本书的重点将放在这种类型的问题上，特别是一维和二维的浅水流。以下章节重点讨论不连续 Galerkin 方法的数值实现。在第 2 章介绍，不连续 Galerkin 方法对于双曲型方程的应用步骤及主要思路，另外还简要介绍一些数学预备知识，如形状函数、等参数映射、数值积分、近似黎曼（Riemann）求解器和时间积分。

为了更好地了解不连续 Galerkin 方法，用不连续 Galerkin 方法进行一维非守恒问题的数值试验会在第 3 章中介绍。这些试验算例包括一阶常微分方程（ODE）、线性对流和二阶瞬态和稳定扩散。这些数值试验算例显示了不连续 Galerkin 方法的基本公式步骤和特性。

从第 4 章开始，重点放在不连续 Galerkin 方法应用于守恒定律，特别是浅水流方程的说明。第 4 章介绍不连续 Galerkin 方法应用于一维标量方程和双曲型系统守恒定律，即伯格斯（Burgers）方程和浅水流方程，包括不连续 Galerkin 方法的更多特征，例如总变差减小斜率限制器和数值通量。第 5 章介绍不连续 Galerkin 方法将应用于非矩形、非棱柱体的一维浅水流，以及浅水流方程的选择及其效果。在第 6～8 章介绍不连续 Galerkin 方法应用于二维浅水流的内容。第 9 章介绍了污染物运移的一维和二维浅水流数值模拟。

<h1 style="text-align:center">参 考 文 献</h1>

Bassi, F., and Rebay, S. (1997). A high‐order accurate discontinuous finite element method for the numerical solution of the compressible Navier‐Stokes equations. Journal of Computational Physics, 131 (2), 267‐279.

Burbeau, A., Sagaut, P., and Bruneau, C.‐H. (2001). A problem‐independent limiter for high‐order Runge‐Kutta discontinuous Galerkin methods. Journal of Computational Physics, 169 (1), 111‐150.

Chavent, G., and Cockburn, B. (1987). The local projection $P^0 P^1$‐Discontinuous‐Galerkin finite element method for scalar conservation laws. IMA Preprint Series 341, University of Minnesota.

Chavent, G., and Salzano, G. (1982). A finite – element method for the 1D water flooding problem with gravity. Journal of Computational Physics, 45 (3), 307 – 344.

Chen, Z., Cockburn, B., Jerome, J., and Shu, C. – W. (1995). Mixed – RKDG finite element methods for the 2 – D hydrodynamic model for semiconductor device simulation. VLSI Design, 3 (2), 145 – 158.

Cockburn, B., Hou, S., and Shu, C. W. (1990). The Runge – Kutta local projection discontinuous Galerkin finite element method for conservation laws IV: The multidimensional case. Mathematics of Computation, 54 (190), 545 – 581.

Cockburn, B., Karniadakis, G. E., and Shu, C. – W. (1998). Discontinuous Galerkin Methods: Theory, Computation and Application. Springer, Berlin.

Cockburn, B., and Lin, S. Y. (1989). TVB Runge – Kutta local projection discontinuous Galerkin finite element method for conservation laws III: One dimensional systems. Journal of Computational Physics, 84 (1), 90 – 113.

Cockburn, B., and Shu, C. W. (1988). The Runge – Kutta local projection P^1 – discontinuous – Galerkin finite element method for scalar conservation laws. IMA Preprint Series 388, University of Minnesota.

Cockburn, B., and Shu, C. W. (1989). TVB Runge – Kutta local projection discontinuous Galerkin finite element method for conservation laws II: General framework. Mathematics of Computation, 52 (186), 411 – 435.

Cockburn, B., and Shu, C. W. (1998a). The Runge – Kutta discontinuous Galerkin method for conservation laws V: Multidimensional systems. Journal of Computational Physics, 141 (2), 199 – 224.

Cockburn, B., and Shu, C. W. (1998b). The local discontinuous Galerkin method for time – dependent convection – diffusion systems. SIAM Journal on Numerical Analysis, 35 (6), 2440 – 2463.

Dumbser, M. (2010). Arbitrary high order $P_N P_M$ schemes on unstructured meshes for the compressible Navier – Stokes equations. Computer & Fluids, 39 (1), 60 – 76.

Dumbser, M., Balsara, D. S., Toro, E. F., and Munz, C. – D. (2008). A unified framework for the construction of one – step finite volume and discontinuous Galerkin schemes on unstructured meshes. Journal of Computational Physics, 227 (18), 8209 – 8253.

Fortin, M., and Fortin, A. (1989). A new approach for the FEM simulation of viscoelastic flows. Journal of Non – Newtonian Fluid Mechanics, 32 (3), 295 – 310.

Goodman, J. B., and LeVeque, R. J. (1985). On the accuracy of stable schemes for 2D scalar conservation laws. Mathematics of Computation, 45 (171), 15 – 21.

Gottlieb, S., and Shu, C. W. (1998). Total variation diminishing Runge – Kutta schemes. Mathematics of Computation, 67 (221), 73 – 85.

Hesthaven, J. S., and Warburton, T. (2008). Nodal Discontinuous Galerkin Methods: Algorithms, Analysis, and Application. Springer, New York.

Jamet, P. (1978). Galerkin – type approximations which are discontinuous in time for parabolic equations in a variable domain. SIAM Journal on Numerical Analysis, 15 (5), 912 – 928.

Johnson, C., and Pitkäranta, J. (1986). An analysis of the discontinuous Galerkin method for a scalar hyperbolic equation. Mathematics of Computation, 46 (173), 1 – 26.

Krivodonova, L. (2007). Limiters for high – order discontinuous Galerkin methods. Journal of Computational Physics, 226 (1), 879 – 896.

LeSaint, P. , and Raviart, P. A. (1974). On a finite element method for solving the neutron transport equation. In Mathematical Aspects of Finite Elements in Partial Differential Equations, edited by C. Boor, 89 – 145, Academic Press, New York.

Lin, Q. , and Zhou, A. H. (1993). Convergence of the discontinuous Galerkin methods for a scalar hyperbolic equation. Acta Mathematica Scientia, 13, 207 – 210.

Liu, X. , Osher, S. , and Chan, T. (1994). Weighted essentially non – oscillatory schemes. Journal of Computational Physics, 115, 200 – 212.

Luo, H. , Baum, J. D. , and Löhner, R. (2007). A Hermite WENO – based limiter for discontinuous Galerkin method on unstructured grids. Journal of Computational Physics, 225 (1), 686 – 713.

Peterson, T. E. (1991). A note on the convergence of the discontinuous Galerkin method for a scalar hyperbolic equation. SIAM Journal on Numerical Analysis, 28 (1), 133 – 140.

Qiu, J. , and Shu, C. W. (2005a). Runge – Kutta discontinuous Galerkin method using WENO limiters. SIAM Journal on Scientific Computing, 26 (3), 907 – 929.

Qiu, J. , and Shu, C. W. (2005b). Hermite WENO schemes and their application as limiters for Runge – Kutta discontinuous Galerkin method Ⅱ: Two dimensional case. Computers & Fluids, 34 (6), 642 – 663.

Reed, W. H. , and Hill, T. R. (1973). Triangular mesh method for the neutron transport equation. Los Alamos Scientific Laboratory Report, LA – UR – 73 – 479, 1 – 23.

Shu, C. W. (1987). TVB uniformly high – order schemes for conservation laws. Mathematics of Computation, 49 (179), 105 – 121.

Shu, C. W. , and Osher, S. (1998). Efficient implementation of essentially nonoscillatory shock – capturing schemes. Journal of Computational Physics, 77 (2), 439 – 471.

Titarev, V. A. , and Toro, E. F. (2002). ADER: Arbitrary high order Godunov approach. Journal of Scientific Computing, 17 (1 – 4), 609 – 618.

Tu, S. , and Aliabadi, S. (2005). A slope limiting procedure in discontinuous Galerkin finite element method for gasdynamics applications. International Journal of Numerical Analysis and Modeling, 2 (2), 163 – 178.

Wang, Z. J. (2011). Adaptive High – Order Methods in Computational Fluid Dynamics: Advances in Computational Fluid Dynamics. Vol. 2. World Scientific Publishing, Singapore.

Wellford, L. C. , and Oden, J. T. (1975). Discontinuous finite element approximations for the analysis of shock waves in nonlinear elastic materials. Journal of Computational Physics, 19 (2), 179 – 210.

第 2 章

不连续 Galerkin 方法的一般步骤

本章介绍了不连续 Galerkin 方法应用于双曲型方程求解的一般过程和步骤。在研究实际方法之前，简要回顾了一些与不连续 Galerkin 方法相关的数学预备知识，然后概述了处理通量的不同方法，另外也描述了与不连续 Galerkin 方法相关的时间积分问题。

2.1 守恒形式方程

守恒形式的 m 个偏微分方程组可以写为公式（2.1），其中变量的定义为公式（2.2）。在这些方程中，U 是守恒变量的向量，F 是通量的向量，S 是源项的向量。任何通量部分 f_i 都可以写在三维笛卡尔坐标系中，如公式（2.3）所表达的形式。

$$\frac{\partial U}{\partial t} + \nabla \cdot F(U) = S(U), \quad U(x,0) = U_0(x), \quad x \in \Omega, \quad t \geqslant 0 \tag{2.1}$$

$$U = \begin{bmatrix} U_1 \\ U_2 \\ \vdots \\ U_m \end{bmatrix}, \quad F(U) = \begin{bmatrix} f_1 \\ f_2 \\ \vdots \\ f_m \end{bmatrix}, \quad S(U) = \begin{bmatrix} S_1 \\ S_2 \\ \vdots \\ S_m \end{bmatrix} \tag{2.2}$$

$$f_i = E_i i + G_i j + H_i k \tag{2.3}$$

对于任意单位向量 $n = (n_x, n_y, n_z)$，通量函数 $F(U)$ 的雅可比矩阵由公式（2.4）给出。如果雅可比矩阵具有 m 个实数特征值 $\lambda_i(U)$，$i = 1,2,\cdots,m$，以及一组完整的线性独立的特征向量 $K_i(U)$，$i = 1,2,\cdots,m$，该系统是双曲型的。如果特征值都是实数且不相同，则该系统是严格双曲型的（Toro，2009）。

$$J(U) = \frac{\partial F(U) \cdot n}{\partial U} = \begin{bmatrix} \partial f_1/\partial U_1 & \cdots & \partial f_1/\partial U_m \\ \partial f_2/\partial U_1 & \cdots & \partial f_2/\partial U_m \\ \vdots & \vdots & \vdots \\ \partial f_m/\partial U_1 & \cdots & \partial f_m/\partial U_m \end{bmatrix} \cdot n \tag{2.4}$$

2.1.1 不连续 Galerkin 方法的步骤

按照有限元方法的惯例，问题域 Ω 先分为 Ne 个单元的集合，如公式（2.5）所示。一维和二维的连续和不连续线性单元之间的差异分别如图 2.1 和图 2.2 所示。在连续的有限元方法中，单元共享节点和边界，所有相邻单元的公共节点处的离散变量具有相同的值。在不连续 Galerkin 方法中，每个单元都有自己的节点，具有各自的离散变量值以及在单元边界可以不连续的特点。

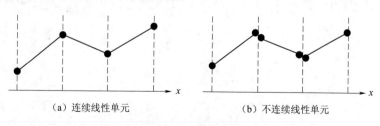

（a）连续线性单元　　　　　　　（b）不连续线性单元

图 2.1　一维的连续和不连续线性单元

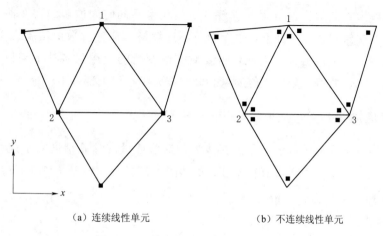

（a）连续线性单元　　　　　　　（b）不连续线性单元

图 2.2　二维的连续和不连续线性单元

$$\Omega \approx \hat{\Omega} = \bigcup_{e=1}^{Ne} \Omega_e \tag{2.5}$$

在单元内部，守恒变量、通量和源项可以使用拉格朗日多项式进行近似（也称为形状函数或基函数），如公式（2.6）所示。将该守恒定律乘以测试函数，然后对得到的方程式在一个单元上积分，如公式（2.7）所示。在 Galerkin 方法中，测试函数与形状函数相同。

$$\left. \begin{aligned} \boldsymbol{U} \approx \hat{\boldsymbol{U}} &= \sum \boldsymbol{N}_j(\boldsymbol{x}) U_j(\boldsymbol{x}, t) \\ \boldsymbol{F}(\boldsymbol{U}) &\approx \boldsymbol{F}(\hat{\boldsymbol{U}}) \\ \boldsymbol{S}(\boldsymbol{U}) &\approx \boldsymbol{S}(\hat{\boldsymbol{U}}) \end{aligned} \right\} \tag{2.6}$$

$$\int_{\Omega_e} \boldsymbol{N}_i \frac{\partial \hat{\boldsymbol{U}}}{\partial t} \mathrm{d}\Omega + \int_{\Omega_e} N_i \, \nabla \cdot \boldsymbol{F}(\hat{\boldsymbol{U}}) \mathrm{d}\Omega = \int_{\Omega_e} \boldsymbol{N}_i \boldsymbol{S}(\hat{\boldsymbol{U}}) \mathrm{d}\Omega \tag{2.7}$$

代入 $\boldsymbol{U}$ 的近似公式并应用发散定理得到公式（2.8）。通量项（$\boldsymbol{F}(\hat{\boldsymbol{U}}) \cdot \boldsymbol{n}$）被替换为数值通量（$\tilde{\boldsymbol{F}}$），得到公式（2.9）。积分（例如，通过高斯求积法则）后最终方程可

以写成公式（2.10）或公式（2.11），其中质量矩阵（M）由公式（2.12）给出。

$$\int_{\Omega_e} N_i N_j \mathrm{d}\Omega \frac{\partial U_j}{\partial t} + \int_{\Gamma_e} N_i F(\hat{U}) n \mathrm{d}\Gamma - \int_{\Omega_e} \nabla N_i \cdot F(\hat{U}) \mathrm{d}\Omega = \int_{\Omega_e} N_i S(\hat{U}) \mathrm{d}\Omega \quad (2.8)$$

$$\int_{\Omega_e} N_i N_j \mathrm{d}\Omega \frac{\partial U_j}{\partial t} + \int_{\Gamma_e} N_i \widetilde{F} \mathrm{d}\Gamma - \int_{\Omega_e} \nabla N_i \cdot F(\hat{U}) \mathrm{d}\Omega = \int_{\Omega_e} N_i S(\hat{U}) \mathrm{d}\Omega \quad (2.9)$$

$$M \frac{\partial U}{\partial t} = R \quad (2.10)$$

$$\frac{\partial U}{\partial t} = M^{-1} R = L \quad (2.11)$$

$$M = \int_{\Omega_e} N_i N_j \mathrm{d}\Omega \quad (2.12)$$

最后，守恒变量 U 的解可以通过适当的时间积分方法得到，因此，连续的守恒定律可以被分解为离散的代数方程并求解，从而获得不同时间的解。在双曲型系统中，即使在平滑的初始和边界条件下，也能形成不连续解和激波。数值试验表明，通过高阶空间近似会产生虚假振荡，因此，需要对守恒变量的应用限制技术来得到有限解。形状函数的形式、数值积分、数值通量和时间积分将在以下部分中讨论。

2.1.2　数值通量

由于不连续单元通过数值通量连接边界，这些通量的计算精度在不连续 Galerkin 方法中显得至关重要。由于没有在不连续的边界上定义正常通量 $F(U) \cdot n$，通常的策略是用数值通量 $\widetilde{F}$ 替换它。重写公式（2.8）为公式（2.13），并将其从时间 t 到 $t + \Delta t$ 积分得到公式（2.14）。

$$\int_{\Omega_e} N_i N_j \mathrm{d}\Omega \frac{\partial U_j}{\partial t} + \int_{\Gamma_e} N_i F(\hat{U}) \cdot n \mathrm{d}\Gamma = R' \quad (2.13)$$

$$\int_{\Omega_e} N_i N_j \mathrm{d}\Omega \int_t^{t+\Delta t} \frac{\partial U_j}{\partial t} \mathrm{d}t + \int_{\Gamma_e} N_i \int_t^{t+\Delta t} F(\hat{U}) \cdot n \mathrm{d}t \mathrm{d}\Gamma = \int_t^{t+\Delta t} R' \mathrm{d}t \quad (2.14)$$

正常通量可以用数值通量代替，如公式（2.15）所示。其中，数值通量由公式（2.16）给出，该数值通量是正常通量的时间平均值。计算数值通量的精确度要求限制了时间步长，因为通量包括质量、动量和能量等，数值通量的精确计算对保持这些数量守恒至关重要。

$$\int_t^{t+\Delta t} F(\hat{U}) \cdot n \mathrm{d}t = \int_t^{t+\Delta t} \widetilde{F} \mathrm{d}t = \widetilde{F} \Delta t \quad (2.15)$$

$$\widetilde{F} = \frac{1}{\Delta t} \int_t^{t+\Delta t} F(\hat{U}) \cdot n \mathrm{d}t \quad (2.16)$$

数值通量的解取决于变量 U 在单元 Ω_e 和相邻单元 Ω_{nb} 的值，使其成为近似黎曼问题，表示为公式（2.17）。为了保持整个计算域的质量守恒，数值通量是需要与物理通量一致（Laney，1998），如公式（2.18）所示。在第 2.5 节中提供了关于数值通量的更多讨论。

$$\widetilde{F} = \widetilde{F}(U_e, U_{nb}) \quad (2.17)$$

$$\widetilde{F} = \widetilde{F}(U, U) = F(U) \cdot n \quad \text{其中} \, U = U_e = U_{nb} \tag{2.18}$$

2.2 形状函数

本节简要讨论了基于拉格朗日插值理论发展的形状函数。形状函数（或者称为基函数、插值函数或测试函数）是局部单元中解的分段多项式近似表达。关于形状函数的更多讨论可以在有限元方法教科书中找到（Reddy，1993；Lewis 等，2004；Zienkiewicz 等，2005；Li，2006）。

2.2.1 一维形状函数

形状函数是分段连续的并且用于近似表达单元中的变量变化。在拉格朗日插值中，变量的变化用公式（2.19）近似，其中 n 是一个单元中的节点数，u_j 是节点的解，x_s^e 和 x_e^e 分别是单元的起点和终点坐标，$N_j(x)$ 是由公式（2.20）给出的第 j 个拉格朗日基函数。

$$u(x) \approx \hat{u}(x) = \sum_{j=1}^{n} N_j(x) u_j, \quad x \in \Omega_e = [x_s^e, x_e^e] \tag{2.19}$$

$$N_j(x) = \frac{\prod_{k=1, k \neq j}^{n} (x - x_k)}{\prod_{k=1, k \neq j}^{n} (x_j - x_k)}, \quad j = 1, 2, \cdots, n \tag{2.20}$$

形状函数 $N_j(x)$ 在所考虑的节点 j 处具有值 1，在所有其他节点处为零，如公式（2.21）所示。近似值在单元的每个节点处产生 u 的值。对于具有两个节点的线性单元，形状函数由公式（2.22）给出，如图 2.3 所示。变量的线性变化如图 2.4 所示。对于三个节点的二阶单元，通过公式（2.23）给出了形状函数并如图 2.5 所示，其中 $x_i(i = 1, 2, 3)$ 是节点的坐标。变量相应的二次变化如图 2.6 所示。

$$N_j(x) = \begin{cases} 1 & i = j \\ 0 & i \neq j \end{cases} \tag{2.21}$$

$$\left. \begin{array}{l} N_1(x) = \dfrac{x - x_2}{x_1 - x_2} \\[2mm] N_2(x) = \dfrac{x - x_1}{x_2 - x_1} \end{array} \right\} \tag{2.22}$$

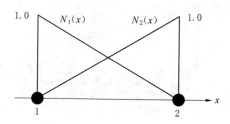

图 2.3　一维线性形状函数

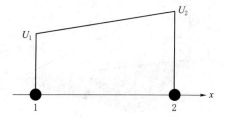

图 2.4　一维单元中变量的线性近似

$$N_1(x) = \frac{(x-x_2)(x-x_3)}{(x_1-x_2)(x_1-x_3)}$$

$$N_2(x) = \frac{(x-x_1)(x-x_3)}{(x_2-x_1)(x_2-x_3)} \tag{2.23}$$

$$N_3(x) = \frac{(x-x_1)(x-x_2)}{(x_3-x_1)(x_3-x_2)}$$

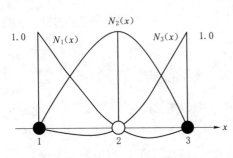

图 2.5　一维二次方形状函数

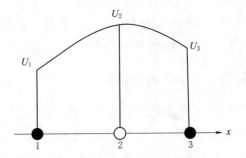

图 2.6　一维单元中变量的二次方近似

2.2.2　二维形状函数

在二维分析中，三角形和四边形单元常被使用。通常，这些单元可以具有直的或弯曲的边缘。由于三角形单元更适应复杂的几何形状并且需要最少数量的节点来实现给定的多项式的阶，所以这里的讨论仅限于三角形单元。本书使用具有直边的二维线性三角形单元。变量的变化可以在单元中近似给出，如公式（2.24）所示，其中 n 是单元中的节点数。形状函数需要满足由公式（2.25）给出的克罗内克（Kronecker）函数特性。直边的三节点线性三角形单元的形状函数 N_1 和变量的变化分别如图 2.7 和 2.8 所示。节点按逆时针方向编号。公式（2.26）给出了线性三角形单元的形状函数，其中 A 是三角形面积，由公式（2.27）给出，x_i、y_i 是节点的坐标（$i = 1,\cdots,n$）。

$$u(x,\ y) \approx \hat{u}(x,\ y) = \sum_{j=1}^{n} N_j(x,\ y)u_j,\quad (x,\ y) \in \Omega_e \tag{2.24}$$

$$N_j(x_i,\ y_i) = \begin{cases} 1, & i=j \\ 0, & i \neq j \end{cases} \tag{2.25}$$

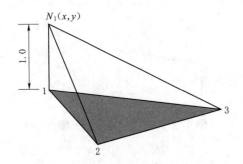

图 2.7　三角形线性形状函数

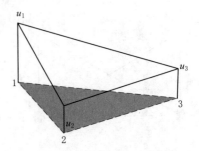

图 2.8　三角形单元的线性近似

$$N_1(x, y) = \frac{(x_2 y_3 - x_3 y_2) + (y_2 - y_3) x + (x_3 - x_2) y}{2A}$$

$$N_2(x, y) = \frac{(x_3 y_1 - x_1 y_3) + (y_3 - y_1) x + (x_1 - x_3) y}{2A}$$ (2.26)

$$N_3(x, y) = \frac{(x_1 y_2 - x_2 y_1) + (y_1 - y_2) x + (x_2 - x_1) y}{2A}$$

$$A = \frac{1}{2} \begin{vmatrix} 1 & x_1 & y_1 \\ 1 & x_2 & y_2 \\ 1 & x_3 & y_3 \end{vmatrix}$$ (2.27)

2.3 等参数映射

公式（2.10）中的质量矩阵涉及积分运算，对于一维问题可以通过低阶插值和测试函数得到，但是在二维和三维问题中，对于高阶单元和弯曲边缘，积分不再能以封闭形式进行计算。质量矩阵计算可以便利地通过等参数映射和数值求积的概念得到。等参数映射也称为坐标变换。这些变换后的坐标允许在积分计算中使用数值求积法。

在等参数映射中，变量的变化和单元几何由相同的形状函数表示，该形状函数基于标准化坐标系。标准化坐标系中定义的单元称为规范单元或主单元。从规范单元到物理单元的映射采用公式（2.28）的形式。

$$x = \sum N_j(\boldsymbol{\xi}) x_j, \quad \hat{U} = \sum N_j(\boldsymbol{\xi}) U_j$$ (2.28)

本节将解释一维和二维中的等参数映射以及从物理单元到规范单元的映射，即从全局到本地坐标系的变换。数值积分将在下一节中提供。

2.3.1 一维等参数映射

一般形式的一维等参数映射由公式（2.29）给出。对于线性单元，等参数映射如图 2.9 所示，局部坐标中的形状函数由公式（2.30）给出。全局坐标的变化和任何变量在线性单元内的变化由公式（2.31）给出。

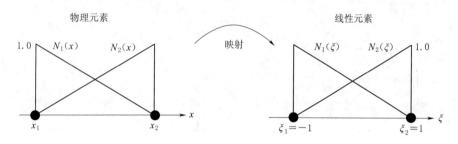

图 2.9 一维线性单元的等参数映射

$$\left.\begin{array}{l} x = \sum_{j=1}^{n} N_j(\xi) x_j \\[2mm] \hat{U} = \sum_{j=1}^{n} N_j(\xi) U_j \end{array}\right\} \tag{2.29}$$

物理元素

$$\left.\begin{array}{l} N_1(\xi) = 0.5(1-\xi) \\ N_2(\xi) = 0.5(1+\xi) \end{array}\right\} \tag{2.30}$$

$$\left.\begin{array}{l} x = N_1(\xi) x_1 + N_2(\xi) x_2 \\ \hat{U} = N_1(\xi) U_1 + N_2(\xi) U_2 \end{array}\right\} \tag{2.31}$$

一维二次单元的等参数映射如图 2.10 所示。二次单元的形状函数由公式（2.32）给出。本地坐标和全局坐标之间的映射和二次单元中任何变量的变化由公式（2.33）给出。

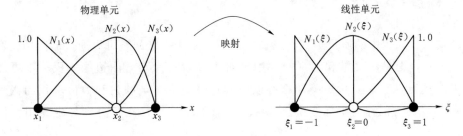

图 2.10　一维二次单元的等参数映射

$$\left.\begin{array}{l} N_1(\xi) = 0.5\xi(\xi-1) \\ N_2(\xi) = (1+\xi)(1-\xi) \\ N_3(\xi) = 0.5\xi(1+\xi) \end{array}\right\} \tag{2.32}$$

$$\left.\begin{array}{l} x = N_1(\xi) x_1 + N_2(\xi) x_2 + N_3(\xi) x_3 \\ \hat{U} = N_1(\xi) U_1 + N_2(\xi) U_2 + N_3(\xi) U_3 \end{array}\right\} \tag{2.33}$$

2.3.2　二维等参数映射

图 2.11 显示了二维线性三角形单元的等参数映射。线性单元的形状函数由公式（2.34）给出。变量和坐标可以通过使用公式（2.35）在单元中插值得到。

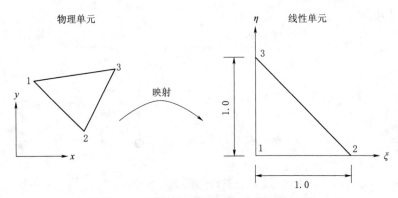

图 2.11　二维线性三角形单元的等参数映射

$$
\left.\begin{aligned}
N_1(\xi,\ \eta) &= 1 - \xi - \eta \\
N_2(\xi,\ \eta) &= \xi \\
N_3(\xi,\ \eta) &= \eta
\end{aligned}\right\}
\tag{2.34}
$$

$$
\left.\begin{aligned}
x &= \sum_{j=1}^{3} N_j(\xi,\ \eta) x_j \\
y &= \sum_{j=1}^{3} N_j(\xi,\ \eta) y_j \\
\hat{U} &= \sum_{j=1}^{3} N_j(\xi,\ \eta) U_j
\end{aligned}\right\}
\tag{2.35}
$$

2.3.3 使用等参数映射的积分计算

通过使用等参数映射，积分可以用变量替换（也称为坐标变换）的方法得到。一维问题中的质量矩阵由公式（2.36）给出。相应的局部坐标中的质量矩阵由公式（2.37）给出。该单元中的雅可比矩阵由公式（2.38）定义。公式（2.39）中所示的一个在全局坐标中的衍生项可以转换到由公式（2.40）给出的局部坐标中。因此，公式（2.39）在局部坐标系中可以写成公式（2.41）。

$$
\boldsymbol{M} = \int_{x_s^e}^{x_e^e} N_i(x) N_j(x) \, \mathrm{d}x
\tag{2.36}
$$

$$
\boldsymbol{M} = \int_{-1}^{1} N_i(\xi) N_j(\xi) J^e \, \mathrm{d}\xi
\tag{2.37}
$$

$$
J^e = \frac{\mathrm{d}x}{\mathrm{d}\xi} = \frac{\mathrm{d}\left(\sum_{j=1}^{n} N_j(\xi) x_j\right)}{\mathrm{d}\xi} = \sum_{j=1}^{n} \frac{\mathrm{d}N_j(\xi)}{\mathrm{d}\xi} x_j
\tag{2.38}
$$

$$
\int_{x_s^e}^{x_e^e} \frac{\mathrm{d}N_i(x)}{\mathrm{d}x} f(\hat{U}(x)) \, \mathrm{d}x
\tag{2.39}
$$

$$
\frac{\mathrm{d}N_i(x)}{\mathrm{d}x} \rightarrow \frac{\mathrm{d}N_i(\xi)}{\mathrm{d}\xi} \frac{\mathrm{d}\xi}{\mathrm{d}x} = \frac{\mathrm{d}N_i(\xi)}{\mathrm{d}\xi} \frac{1}{J^e}
\tag{2.40}
$$

$$
\int_{x_s^e}^{x_e^e} \frac{\mathrm{d}N_i(x)}{\mathrm{d}x} f(\hat{U}(x)) \, \mathrm{d}x = \int_{-1}^{1} \frac{\mathrm{d}N_i(\xi)}{\mathrm{d}\xi} \frac{1}{J^e} f(\hat{U}(\xi)) J^e \, \mathrm{d}\xi = \int_{-1}^{1} \frac{\mathrm{d}N_i(\xi)}{\mathrm{d}\xi} f(\hat{U}(\xi)) \, \mathrm{d}\xi
\tag{2.41}
$$

在二维单元中，无穷小区域在局部坐标和全局坐标之间的关系由公式（2.42）给出，其中雅可比矩阵由公式（2.43）给出。要实现坐标转换，需要使用公式（2.44）所示的链规则。在全局坐标中衍生项可以使用公式（2.45）转换到局部坐标系中。

$$
\mathrm{d}\Omega = \det(J^e) \mathrm{d}\xi \mathrm{d}\eta
\tag{2.42}
$$

$$
\boldsymbol{J}^e =
\begin{bmatrix}
\dfrac{\partial x}{\partial \xi} & \dfrac{\partial y}{\partial \xi} \\[2mm]
\dfrac{\partial x}{\partial \eta} & \dfrac{\partial y}{\partial \eta}
\end{bmatrix}
=
\begin{bmatrix}
\displaystyle\sum_{j=1}^{n} \dfrac{\partial N_j(\xi,\eta)}{\partial \xi} x_j & \displaystyle\sum_{j=1}^{n} \dfrac{\partial N_j(\xi,\eta)}{\partial \xi} y_j \\[4mm]
\displaystyle\sum_{j=1}^{n} \dfrac{\partial N_j(\xi,\eta)}{\partial \eta} x_j & \displaystyle\sum_{j=1}^{n} \dfrac{\partial N_j(\xi,\eta)}{\partial \eta} y_j
\end{bmatrix}
\tag{2.43}
$$

$$\begin{bmatrix} \dfrac{\partial}{\partial \xi} \\[2mm] \dfrac{\partial}{\partial \eta} \end{bmatrix} = \begin{bmatrix} \dfrac{\partial x}{\partial \xi} & \dfrac{\partial y}{\partial \xi} \\[2mm] \dfrac{\partial x}{\partial \eta} & \dfrac{\partial y}{\partial \eta} \end{bmatrix} \begin{bmatrix} \dfrac{\partial}{\partial x} \\[2mm] \dfrac{\partial}{\partial y} \end{bmatrix} = \boldsymbol{J}^{\mathrm{e}} \begin{bmatrix} \dfrac{\partial}{\partial x} \\[2mm] \dfrac{\partial}{\partial y} \end{bmatrix} \tag{2.44}$$

$$\begin{bmatrix} \dfrac{\partial}{\partial x} \\[2mm] \dfrac{\partial}{\partial y} \end{bmatrix} = (\boldsymbol{J}^{\mathrm{e}})^{-1} \begin{bmatrix} \dfrac{\partial}{\partial \xi} \\[2mm] \dfrac{\partial}{\partial \eta} \end{bmatrix}, \ (\boldsymbol{J}^{\mathrm{e}})^{-1} = \dfrac{1}{\det(\boldsymbol{J}^{\mathrm{e}})} \begin{bmatrix} \dfrac{\partial y}{\partial \eta} & -\dfrac{\partial y}{\partial \xi} \\[2mm] -\dfrac{\partial x}{\partial \eta} & \dfrac{\partial x}{\partial \xi} \end{bmatrix} \tag{2.45}$$

以下将概述转换坐标的过程，以公式（2.46）［其在之前由公式（2.9）导出］为例说明。质量矩阵可以使用公式（2.47）进行计算。通量项的转换如公式（2.48）所示，其中新算子 ∇' 由公式（2.49）定义。使用公式中显示的等参数映射［公式（2.50）］，公式（2.48）可以用公式（2.51）给出的形式写出，其中 $F(\hat{U}) = E(\hat{U})i + G(\hat{U})j$。

$$\int_{\Omega_{\mathrm{e}}} \boldsymbol{N}_i \boldsymbol{N}_j \mathrm{d}\Omega \, \dfrac{\partial \boldsymbol{U}_j}{\partial t} + \int_{\Gamma_{\mathrm{e}}} \boldsymbol{N}_i \boldsymbol{F} \mathrm{d}\Gamma - \int_{\Omega_{\mathrm{e}}} \nabla \boldsymbol{N}_i \cdot \boldsymbol{F}(\hat{\boldsymbol{U}}) \mathrm{d}\Omega = \int_{\Omega_{\mathrm{e}}} \boldsymbol{N}_i \boldsymbol{S}(\hat{\boldsymbol{U}}) \mathrm{d}\Omega \tag{2.46}$$

$$\int_{\Omega_{\mathrm{e}}} \boldsymbol{N}_i \boldsymbol{N}_j \mathrm{d}\Omega = \int_0^1 \int_0^1 \boldsymbol{N}_i(\xi, \eta) \boldsymbol{N}_j(\xi, \eta) \det(\boldsymbol{J}^{\mathrm{e}}) \mathrm{d}\xi \mathrm{d}\eta \tag{2.47}$$

$$\int_{\Omega_{\mathrm{e}}} \nabla \boldsymbol{N}_i \cdot \boldsymbol{F}(\hat{\boldsymbol{U}}) \mathrm{d}\Omega = \int_0^1 \int_0^1 \nabla' \boldsymbol{N}_i \cdot \boldsymbol{F}(\hat{\boldsymbol{U}}) \det(\boldsymbol{J}^{\mathrm{e}}) \mathrm{d}\xi \mathrm{d}\eta \tag{2.48}$$

$$\nabla' = \dfrac{1}{\det(\boldsymbol{J}^{\mathrm{e}})} \left[\left(\dfrac{\partial y}{\partial \eta} \dfrac{\partial}{\partial \xi} - \dfrac{\partial y}{\partial \xi} \dfrac{\partial}{\partial \eta} \right) \boldsymbol{i} + \left(\dfrac{\partial x}{\partial \eta} \dfrac{\partial}{\partial \xi} + \dfrac{\partial x}{\partial \xi} \dfrac{\partial}{\partial \eta} \right) \boldsymbol{j} \right] \tag{2.49}$$

$$\left. \begin{aligned} \dfrac{\partial y}{\partial \eta} &= y_3 - y_1 = y_{31} \\[2mm] \dfrac{\partial y}{\partial \xi} &= y_2 - y_1 = y_{21} \\[2mm] \dfrac{\partial x}{\partial \eta} &= x_3 - x_1 = x_{31} \\[2mm] \dfrac{\partial x}{\partial \xi} &= x_2 - x_1 = x_{21} \end{aligned} \right\} \tag{2.50}$$

$$\int_{\Omega_{\mathrm{e}}} \nabla \boldsymbol{N}_i \cdot \boldsymbol{F}(\hat{\boldsymbol{U}}) \mathrm{d}\Omega = \int_0^1 \int_0^1 \left[y_{31} \dfrac{\partial \boldsymbol{N}_i}{\partial \xi} - y_{21} \dfrac{\partial \boldsymbol{N}_i}{\partial \eta} \right] \boldsymbol{E}(\hat{\boldsymbol{U}}) \mathrm{d}\xi \mathrm{d}\eta$$
$$+ \int_0^1 \int_0^1 \left[-x_{31} \dfrac{\partial \boldsymbol{N}_i}{\partial \xi} + x_{21} \dfrac{\partial \boldsymbol{N}_i}{\partial \eta} \right] \boldsymbol{G}(\hat{\boldsymbol{U}}) \mathrm{d}\xi \mathrm{d}\eta \tag{2.51}$$

对于曲线积分，使用如图 2.12 所示的等参数映射。在物理单元中，无穷小的线段 $\mathrm{d}\Gamma$ 映射到局部坐标中的 $\mathrm{d}\xi$，如公式（2.52）所示。对于 ξ 坐标中的线性单元，形状函数由公式（2.53）给出，等参数映射由公式（2.54）给出。

$$\mathrm{d}\Gamma = \sqrt{\mathrm{d}x^2 + \mathrm{d}y^2} = \sqrt{\left(\dfrac{\partial x}{\partial \xi} \right)^2 + \left(\dfrac{\partial y}{\partial \xi} \right)^2} \, \mathrm{d}\xi \tag{2.52}$$

$$\left. \begin{aligned} N_1(\xi) &= 0.5(1 - \xi) \\ N_2(\xi) &= 0.5(1 + \xi) \end{aligned} \right\} \tag{2.53}$$

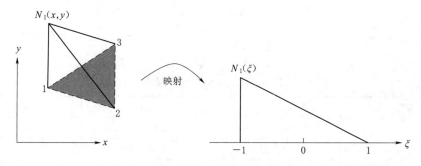

图 2.12　曲线积分映射

$$x = N_1(\xi)x_1 + N_2(\xi)x_2 \atop y = N_1(\xi)y_1 + N_2(\xi)y_2 \Bigg\} \tag{2.54}$$

沿线段 1—2 的无穷小线段 $\mathrm{d}\Gamma_{12}$ 由公式（2.55）给出，其中 L_{12} 是线段 1—2 的长度。使用数值通量的曲线积分如公式（2.56）所示，其中 $\widetilde{F}_{12}$ 是通过线段 1—2 的数值通量。对于测试函数 N_2 和 N_3，数值通量由公式（2.57）给出。曲线积分的简洁表示法由公式（2.58）给出。

$$\mathrm{d}\Gamma_{12} = \frac{L_{12}}{2}\mathrm{d}\xi \tag{2.55}$$

$$\int_{\Gamma_e} N_1(x,\ y)\widetilde{F}\mathrm{d}\Gamma = \int_{-1}^1 N_1(\xi)\widetilde{F}_{12}\frac{L_{12}}{2}\mathrm{d}\xi + \int_{-1}^1 N_1(\xi)\widetilde{F}_{31}\frac{L_{31}}{2}\mathrm{d}\xi$$

$$= \widetilde{F}_{12}\frac{L_{12}}{2} + \widetilde{F}_{31}\frac{L_{31}}{2} \tag{2.56}$$

$$\int_{\Gamma_e} N_2\widetilde{F}\mathrm{d}\Gamma = \widetilde{F}_{12}\frac{L_{12}}{2} + \widetilde{F}_{23}\frac{L_{23}}{2},\quad \int_{\Gamma_e} N_3\widetilde{F}\mathrm{d}\Gamma = \widetilde{F}_{23}\frac{L_{23}}{2} + \widetilde{F}_{31}\frac{L_{31}}{2} \tag{2.57}$$

$$\int_{\Gamma_e} N_i\widetilde{F}\mathrm{d}\Gamma = \sum_{j=1,\ j\neq i}^3 \widetilde{F}_{ij}\frac{L_{ij}}{2} \tag{2.58}$$

2.4　数值积分

在将坐标从全局坐标变换到局部坐标之后，方程式需要进行积分计算。对于一些简单的情况，分析计算是可行的。但是，对于更复杂的情况则需要在计算机中实现，积分常以数值积分方式进行。高斯积分法则为变换后的或局部坐标系的数值积分提供了一种简便的途径。

2.4.1　一维高斯积分

在区间 $[-1,1]$ 的一维积分可以通过高斯求积公式（2.59）来计算，其中 n_g 是积分点的数目，ξ_i，$i=1,2,\cdots,n_g$ 是积分点，并且 w_i，$i=1,2,\cdots,n_g$ 是相应的权重。对于高斯积分点数目 n_g，可以精确积分的阶数最多为 $P = 2n_g - 1$ 的多项式函数。表 2.1 列出了高斯求积法，在区间 $[-1,1]$ 中，多项式达到 5 阶（Reddy，1993）的情况。

$$\int_{-1}^{1} f(\xi)\mathrm{d}\xi \approx \sum_{i=1}^{n_g} w_i f(\xi_i) \tag{2.59}$$

表 2.1　　　　　　　　　　　高斯求积公式的坐标及权重

积分点数目（n_g）	高斯点坐标（ξ）	权重（w）	精度（P）
1	$\xi_1 = 0$	$w_1 = 2$	1
2	$\xi_1 = -1/\sqrt{3}$	$w_1 = 1$	3
	$\xi_2 = 1/\sqrt{3}$	$w_2 = 1$	
3	$\xi_1 = -\sqrt{3}/\sqrt{5}$	$w_1 = 5/9$	5
	$\xi_2 = 0$	$w_2 = 8/9$	
	$\xi_3 = \sqrt{3}/\sqrt{5}$	$w_3 = 5/9$	

2.4.2　三角形单元的二维高斯积分

标准三角形单元的二维求积法由方程（2.60）给出，对应的高斯积分点列于表 2.2 中（Reddy，1993）。

$$\int_0^1 \int_0^1 f(\xi,\ \eta)\mathrm{d}\xi\mathrm{d}\eta \approx \frac{1}{2}\sum_{i=1}^{n_g} w_i f(\xi_i,\ \eta_i) \tag{2.60}$$

表 2.2　　　　　　　　　　标准三角形单元的高斯积分点

积分点数目(n_g)	坐标（ξ，η）	权重（w）	精度（P）
1	$(\xi_1,\ \eta_1) = \left(\frac{1}{3},\ \frac{1}{3}\right)$	$w_1 = 1$	1
3	$(\xi_1,\ \eta_1) = (1/6,\ 1/6)$ $(\xi_2,\ \eta_2) = (4/6,\ 1/6)$ $(\xi_3,\ \eta_3) = (1/6,\ 4/6)$	$w_1 = w_2 = w_3 = \frac{1}{3}$	2
7	$a_1 = 0.1012865073235$ $a_2 = 0.7974269853531$ $a_3 = 0.4701420641051$ $a_4 = 0.0597158717898$ $(\xi_1,\ \eta_1) = (a_1,\ a_1),\ (\xi_2,\ \eta_2) = (a_2,\ a_1)$ $(\xi_3,\ \eta_3) = (a_1,\ a_2),\ (\xi_4,\ \eta_4) = (a_3,\ a_4)$ $(\xi_5,\ \eta_5) = (a_3,\ a_3),\ (\xi_6,\ \eta_6) = (a_4,\ a_3)$ $(\xi_7,\ \eta_7) = (1/3,\ 1/3)$	$w_1 = 0.1259391805$ $w_1 = w_2 = w_3$ $w_4 = 0.1323941527$ $w_4 = w_5 = w_6$ $w_7 = 0.225$	5

2.5　近似黎曼求解器

由于单元界面允许物理状态不连续，因此数值通量的解可以被看作是黎曼问题。一维守恒定律的黎曼问题由公式（2.61）给出，其中需要求解单元间通量 $\boldsymbol{F}(x = 0,\ t)$。

$$\begin{cases} \boldsymbol{U}_t + \boldsymbol{F}\left(\boldsymbol{U}\right)_x = 0 \\ \boldsymbol{U}(x,\ 0) = \boldsymbol{U}_{\mathrm{L}}(x \leqslant 0) \\ \boldsymbol{U}(x,\ 0) = \boldsymbol{U}_{\mathrm{R}}(x > 0) \end{cases} \tag{2.61}$$

在本节中，将讨论 HLL 通量、HLLC 通量和 Roe 通量的一般形式。黎曼求解器在特定场合中的应用问题将在以下章节中介绍。更多有关黎曼问题的讨论和详细信息可以在相关文献（Toro，2009）中找到。

2.5.1 HLL 通量

Harten、Lax 和 van Leer（1983）提出了图 2.13 所示的由两个波分隔的三个恒定状态的 HLL（Harten - Lax - van Leer）黎曼求解器。假设所示的最慢和最快的波速 S_{L} 和 S_{R} 是已知的，在 $S_{\mathrm{L}} < 0 < S_{\mathrm{R}}$ 的情况下，可以通过如图 2.14 所示控制体的积分关系得到数值通量的解。

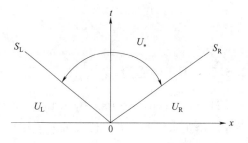

图 2.13　HLL 黎曼求解器的波结构

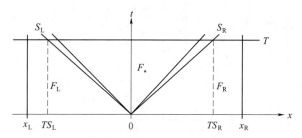

图 2.14　HLL 求解器波结构的控制体

守恒定律在 x-t 平面中可以公式（2.62）所示进行积分。应用格林定理后，面积积分可以通过公式（2.63）所示，简化到曲线积分。积分方程（2.63）在左边控制体 $[TS_{\mathrm{L}},\ 0] \times [0,\ T]$ 上产生公式（2.64）。以同样的方式，将守恒定律在右边的控制体 $[0,\ TS_{\mathrm{R}}] \times [0,\ T]$ 中积分，得到公式（2.65）。这些方程中 $\boldsymbol{F}_{\mathrm{L}}$、$\boldsymbol{F}_{\mathrm{R}}$ 和 $\boldsymbol{F}_*$ 是单元边界上的数值通量。

$$\iint (\boldsymbol{U}_t + \boldsymbol{F}_x)\mathrm{d}x\,\mathrm{d}t = 0 \tag{2.62}$$

$$\int_{\Gamma} \boldsymbol{U}\mathrm{d}x - \boldsymbol{F}\mathrm{d}t = 0 \tag{2.63}$$

$$(\boldsymbol{U}_{\mathrm{L}} - \boldsymbol{U}_*)(0 - TS_{\mathrm{L}}) - T(\boldsymbol{F}_* - \boldsymbol{F}_{\mathrm{L}}) = 0 \tag{2.64}$$

$$(\boldsymbol{U}_{\mathrm{R}} - \boldsymbol{U}_*)(TS_{\mathrm{R}} - 0) - T(\boldsymbol{F}_{\mathrm{R}} - \boldsymbol{F}_*) = 0 \tag{2.65}$$

可以求解方程（2.64）和方程（2.65）以获得 $\boldsymbol{F}_*$ 的值，如公式（2.66）所示。$S_{\mathrm{L}} \geqslant 0$ 和 $S_{\mathrm{R}} \leqslant 0$ 的情况可以从波结构中观察到。近似黎曼问题的 HLL 通量由公式

（2.67）给出。对于标量情况，只有一个波速，$S = S_L = S_R$，HLL 通量将变成迎风通量，如公式（2.68）所示。

$$\boldsymbol{F}_* = \frac{S_R \boldsymbol{F}_L - S_L \boldsymbol{F}_R + S_L S_R (\boldsymbol{U}_R - \boldsymbol{U}_L)}{S_R - S_L} \tag{2.66}$$

$$F^{HLL} = \begin{cases} \boldsymbol{F}_L, & S_L > 0 \\ \dfrac{S_R \boldsymbol{F}_L - S_L \boldsymbol{F}_R + S_L S_R (\boldsymbol{U}_R - \boldsymbol{U}_L)}{S_R - S_L}, & S_L \leqslant 0 \leqslant S_R \\ \boldsymbol{F}_R, & S_R < 0 \end{cases} \tag{2.67}$$

$$F^{up} = \begin{cases} F_L, & S \geqslant 0 \\ F_R, & S < 0 \end{cases} \tag{2.68}$$

2.5.2　HLLC 通量

HLLC（Harten‑Lax‑van Leer，Contact）通量（Toro 等，1989）是 HLL 黎曼问题的修正求解器，其中假设的三波结构如图 2.15 所示。假设波速 S_L、S_R 和 S_* 是已知的，则 HLLC 通量由公式（2.69）给出。

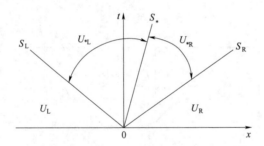

图 2.15　HLLC 黎曼求解器的波结构

$$\boldsymbol{F}^{HLLC} = \begin{cases} \boldsymbol{F}(\boldsymbol{U}_L), & S_L < 0 \\ \boldsymbol{F}(\boldsymbol{U}_L) + S_L(\boldsymbol{U}_{*L} - \boldsymbol{U}_L), & S_L < 0 \leqslant S_* \\ \boldsymbol{F}(\boldsymbol{U}_R) + S_R(\boldsymbol{U}_{*R} - \boldsymbol{U}_R), & S_* < 0 \leqslant S_R \\ \boldsymbol{F}(\boldsymbol{U}_R), & S_R < 0 \end{cases} \tag{2.69}$$

2.5.3　Roe 通量

一般形式的守恒定律可以写成公式（2.70）的形式，其中雅可比矩阵由公式（2.71）给出。在 Roe 的方法中（Roe，1981），初始雅可比矩阵 $\boldsymbol{A}$ 被替换为一个常数矩阵 $\widetilde{\boldsymbol{A}}$（代表局部条件），如公式（2.72）所示。初始的非线性守恒定律系统被转换成公式（2.73）中具有常数系数的线性系统。

$$\boldsymbol{U}_t + \boldsymbol{A}(\boldsymbol{U}) \boldsymbol{U}_x = 0 \tag{2.70}$$

$$\boldsymbol{A}(\boldsymbol{U}) = \frac{\partial \boldsymbol{F}}{\partial \boldsymbol{U}} \tag{2.71}$$

$$\tilde{A} = A(U_L, U_R) \tag{2.72}$$

$$U_t + \tilde{A}U_x = U_t + \tilde{F}_x = 0 \tag{2.73}$$

线性系统的解由公式（2.74）给出，其中 m 是守恒定律的特征值数，$\tilde{\alpha}_i = \tilde{\alpha}_i(U_L, U_R)$ 是波的强度，$\tilde{K}_i$ 是特征向量。在控制体积上应用格林定理（如在 HLL 求解器的情况下）得到初始守恒定律的数值通量 [公式（2.75）]。该式是基于公式（2.77）的假设，线性化系统的数值通量由公式（2.76）给出，通过组合方程（2.75）中的各部分来确定通过边界的 Roe 通量，见公式（2.78）。

$$U_R - U_L = \sum_{i=1}^{m} \tilde{\alpha}_i \tilde{K}_i \tag{2.74}$$

$$\left. \begin{aligned} F^* &= F_L - S_L U_L - \frac{1}{T}\int_{TS_L}^{0} U \mathrm{d}x \\ F^* &= F_R - S_R U_R + \frac{1}{T}\int_{0}^{TS_R} U \mathrm{d}x \end{aligned} \right\} \tag{2.75}$$

$$\left. \begin{aligned} \tilde{F}^* &= \tilde{F}_L - S_L U_L - \frac{1}{T}\int_{TS_L}^{0} \tilde{U} \mathrm{d}x \\ \tilde{F}^* &= \tilde{F}_R - S_R U_R + \frac{1}{T}\int_{0}^{TS_R} \tilde{U} \mathrm{d}x \end{aligned} \right\} \tag{2.76}$$

$$\left. \begin{aligned} \int_{TS_L}^{0} U \mathrm{d}x &= \int_{TS_L}^{0} \tilde{U} \mathrm{d}x \\ \int_{0}^{TS_R} U \mathrm{d}x &= \int_{0}^{TS_R} \tilde{U} \mathrm{d}x \\ \tilde{F}(U) &= \tilde{A}U \end{aligned} \right\} \tag{2.77}$$

$$F^{Roe} = \frac{1}{2}(F_L + F_R) - \frac{1}{2}\sum_{i=1}^{m} \tilde{\alpha}_i |\tilde{\lambda}_i| \tilde{K}_i \tag{2.78}$$

Roe 通量的雅可比矩阵是提供从空间 U 到 F 线性映射的条件。Roe 通量必须与精确雅可比矩阵一致，如公式（2.79）所示。此外，Roe 通量应该满足公式（2.80）给出的条件以保持跨越不连续边界的守恒条件。矩阵 $\tilde{A}$ 的特征向量必须是线性独立的。

$$\tilde{A}(U_L = U_R = U) = A(U) \tag{2.79}$$

$$F(U_R) - F(U_L) = \tilde{A} \times (U_R - U_L) \tag{2.80}$$

2.6 时间积分

由于不连续 Galerkin 方法是局部结构，所以显式时间积分是首选。隐式时间积分将形成全局矩阵，打破了局部结构。对于涉及激波的问题，总变差减小（TVD）的龙格-库塔格式是首选。在本节中，非总变差减小（non - TVD）和总变差减小（TVD）

的龙格-库塔时间积分都会列出。在显式格式中，时间步长必须满足 CFL（Courant - Friedrichs - Lewy）的稳定性条件，更多的讨论将通过后面章节的示例给出。说明时间积分过程可使用公式（2.81）：

$$\frac{\partial U}{\partial t} = M^{-1}R = L \tag{2.81}$$

2.6.1 非总变差减小（Non - TVD）的时间积分

时间步长由 Δt 表示，其中 $t^{n+1} = t^n + \Delta t$，$U^n = U(t = t^n)$，并且 $U^{n+1} = U(t = t^{n+1})$。一阶欧拉方法由公式（2.82）给出。非总变差减小的二阶、三阶和四阶龙格-库塔方法分别由公式（2.83）、公式（2.84）和公式（2.85）给出（Li，2006）。

$$U^{n+1} = U^n + \Delta t L(U^n) \tag{2.82}$$

$$\left. \begin{aligned} U^{(1)} &= L(U^n) \\ U^{(2)} &= L(U^n + \Delta t U^{(1)}) \\ U^{n+1} &= U^n + \Delta t \left(\frac{1}{2} U^{(1)} + \frac{1}{2} U^{(2)} \right) \end{aligned} \right\} \tag{2.83}$$

$$\left. \begin{aligned} U^{(1)} &= L(U^n) \\ U^{(2)} &= L\left(U^n + \frac{\Delta t}{2} U^{(1)}\right) \\ U^{(3)} &= L(U^n - \Delta t U^{(1)} + 2\Delta t U^{(2)}) \\ U^{n+1} &= U^n + \Delta t \left(\frac{1}{6} U^{(1)} + \frac{4}{6} U^{(2)} + \frac{1}{6} U^{(3)} \right) \end{aligned} \right\} \tag{2.84}$$

$$\left. \begin{aligned} U^{(1)} &= L(U^n) \\ U^{(2)} &= L\left(U^n + \frac{\Delta t}{2} U^{(1)}\right) \\ U^{(3)} &= L\left(U^n + \frac{\Delta t}{2} U^{(2)}\right) \\ U^{(4)} &= L(U^n + \Delta t U^{(3)}) \\ U^{n+1} &= U^n + \Delta t \left(\frac{1}{6} U^{(1)} + \frac{2}{6} U^{(2)} + \frac{2}{6} U^{(3)} + \frac{1}{6} U^{(4)} \right) \end{aligned} \right\} \tag{2.85}$$

2.6.2 总变差减小（TVD）的时间积分

总变差减小的龙格-库塔时间积分格式由 Gottlie 和 Shu 提出（1998）。二阶、三阶和四阶的总变差减小（TVD）时间积分方法分别由公式（2.86）、公式（2.87）和公式（2.88）给出。

$$\left. \begin{aligned} U^{(1)} &= U^n + \Delta t L(U^n) \\ U^{n+1} &= \frac{1}{2} U^n + \frac{1}{2} U^{(1)} + \frac{\Delta t}{2} L(U^{(1)}) \end{aligned} \right\} \tag{2.86}$$

$$U^{(1)} = U^n + \Delta t L(U^n)$$

$$U^{(2)} = \frac{3}{4}U^n + \frac{1}{4}U^{(1)} + \frac{\Delta t}{4}L(U^{(1)})$$

$$U^{n+1} = \frac{1}{3}U^n + \frac{2}{3}U^{(2)} + \frac{2}{3}\Delta t L(U^{(2)})$$

$$(2.87)$$

$$U^{(1)} = U^n + \frac{\Delta t}{2}L(U^n)$$

$$U^{(2)} = \frac{649}{1600}U^n - \frac{10890423}{25193600}\Delta t L(U^n) + \frac{951}{1600}U^{(1)} + \frac{5000}{7873}\Delta t L(U^{(1)})$$

$$U^{(3)} = \frac{53989}{2500000}U^n - \frac{102261}{5000000}\Delta t L(U^n) + \frac{4806213}{20000000}U^{(1)} - \frac{5121}{20000}\Delta t L(U^{(1)}) + \frac{23619}{32000}U^{(2)} + \frac{7873}{10000}\Delta t L(U^{(2)})$$

$$U^{n+1} = \frac{U^n}{5} + \frac{\Delta t}{10}L(U^n) + \frac{6127U^{(1)}}{30000} + \frac{\Delta t}{6}L(U^{(1)}) + \frac{7873U^{(2)}}{30000} + \frac{U^{(3)}}{3} + \frac{\Delta t}{6}L(U^{(3)})$$

$$(2.88)$$

参 考 文 献

Gottlieb, S., and Shu, C. W. (1998). Total variation diminishing Runge – Kutta schemes. Mathematics of Computation, 67 (221), 73 – 85.

Harten, A., Lax, P. D., and van Leer, B. (1983). On upstream differencing and Godunov – type schemes for hyperbolic conservation laws. SIAM Review, 25 (1), 35 – 61.

Laney, C. B. (1998). Computational Gasdynamics. Cambridge University Press, New York.

Lewis, R. W., Nithisrasu, P., and Seethearamu, K. N. (2004). Fundamentals of the Finite Element Method for Heat and Fluid Flow. Wiley, New York.

Li, B. Q. (2006). Discontinuous Finite Elements in Fluid Dynamics and Heat Transfer. Springer – Verlag, London.

Reddy, J. N. (1993). An Introduction to the Finite Element Method, 2nd ed. McGraw – Hill, New York.

Roe, P. (1981). Approximate Riemann solver, parameter vectors, and difference schemes. Journal of Computational Physics, 43 (2), 357 – 372.

Toro, E. F. (2009). Riemann Solvers and Numerical Methods for Fluid Dynamics, 3rd ed. Springer – Verlag, Berlin, Heidelberg.

Toro, E., Spruce, M., and Speares, W. (1989). Restoration of the contact surface in the HLL – Riemann solver. Shock Waves, 4 (1), 25 – 34.

Zienkiewicz, O. C, Taylor, R. L., and Zhu, J. Z. (2005). The Finite Element Method: Its Basis and Fundamentals. Elsevier, Spain.

第 3 章

一维非守恒方程的不连续 Galerkin 方法

本章将使用不连续 Galerkin 方法来解决一维问题，通过示例说明了应用坐标转换、数值积分、边界条件和初始条件所需的步骤。采用的例子包括常微分方程、一维纯对流和纯扩散问题。

3.1 常微分方程的不连续 Galerkin 方法

首先应用不连续 Galerkin 方法来求解公式（3.1）给出的常微分方程（ODE）的数值解。该方程的解析解由公式（3.2）给出。线性和二次单元分别用于离散区域。连续的有限元和不连续有限元单元分别如图 3.1 和图 3.2 所示。在单元内，变量 u 用拉格朗日多项式（形状函数）近似由公式（3.3）给出。

$$\frac{\mathrm{d}u}{\mathrm{d}x}=1, \quad u(x=1)=1, \quad x \in [1, 3] \tag{3.1}$$

$$u(x)=x, \quad x \in [1, 3] \tag{3.2}$$

$$u \approx \hat{u} = \sum N_j(x)u_j \tag{3.3}$$

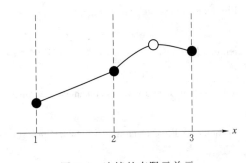

图 3.1 连续的有限元单元

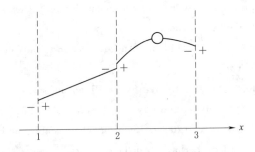

图 3.2 不连续的有限元单元

如图 3.1 和图 3.2 所示，在连续有限元中，近似变量 u 要求在单元边界上连续，因此节点上只有一个值。而在不连续的方法中，$\hat{u}$ 允许在跨越边界上不连续，因此在所示的边界两侧将有两个不同的值，如公式（3.4）所定义。近似值 $\hat{u}$ 仅在单元边界处是不连续的，而在一个单元内的变化是平滑。该常微分方程乘以测试函数 $N_i(x)$ 并在单元上积分，得到公式（3.5），其中 $x_{\mathrm{s}}^{\mathrm{e}}$ 和 $x_{\mathrm{e}}^{\mathrm{e}}$ 分别是有限元单元起点和终点的坐标。

$$\left.\begin{aligned} u^- &= \lim_{x \uparrow x^-} \hat{u}(x) \\ u^+ &= \lim_{x \downarrow x^+} \hat{u}(x) \end{aligned}\right\} \tag{3.4}$$

$$\int_{x_{\mathrm{s}}^{\mathrm{e}}}^{x_{\mathrm{e}}^{\mathrm{e}}} N_i(x) \frac{\mathrm{d}N_j(x)}{\mathrm{d}x} u_j \mathrm{d}x = \int_{x_{\mathrm{s}}^{\mathrm{e}}}^{x_{\mathrm{e}}^{\mathrm{e}}} N_i(x) \mathrm{d}x \tag{3.5}$$

使用分部积分法，由公式（3.5）得到公式（3.6），其中 $\widetilde{u}$ 是单元边界处的数值通量；使用等参数映射得到公式（3.7）。对于线性单元，$x \in [1, 2]$，采用公式（3.8）中所示的符号，其中线性单元开始和结束处的坐标由公式（3.9）给出。单元内的变化由公式（3.10）给出，形状函数由公式（3.11）给出。

$$N_i(x)\widetilde{u}\,\big|_{x_{\mathrm{s}}^{\mathrm{e}}}^{x_{\mathrm{e}}^{\mathrm{e}}} - \left(\int_{x_{\mathrm{s}}^{\mathrm{e}}}^{x_{\mathrm{e}}^{\mathrm{e}}} \frac{\mathrm{d}N_i(x)}{\mathrm{d}x} N_j(x) \mathrm{d}x\right) u_j = \int_{x_{\mathrm{s}}^{\mathrm{e}}}^{x_{\mathrm{e}}^{\mathrm{e}}} N_i(x) \mathrm{d}x \tag{3.6}$$

$$N_i(\xi)\widetilde{u}\,\big|_{-1}^{1} - \left(\int_{-1}^{1} \frac{\mathrm{d}N_i(\xi)}{\mathrm{d}\xi} N_j(\xi) \mathrm{d}\xi\right) u_j = \int_{-1}^{1} N_i(\xi) \frac{\partial x}{\partial \xi} \mathrm{d}\xi \tag{3.7}$$

$$\left.\begin{aligned} u_1 &= u(x = 1^+) \\ u_2 &= u(x = 2^-) \end{aligned}\right\} \tag{3.8}$$

$$\left.\begin{aligned} x_1 &= 1 \\ x_2 &= 2 \end{aligned}\right\} \tag{3.9}$$

$$\left.\begin{aligned} \hat{u} &= N_1(\xi)u_1 + N_2(\xi)u_2 \\ x &= N_1(\xi)x_1 + N_2(\xi)x_2 \end{aligned}\right\} \tag{3.10}$$

$$\left.\begin{aligned} N_1(\xi) &= 0.5(1-\xi) \\ N_2(\xi) &= 0.5(1+\xi) \end{aligned}\right\} \tag{3.11}$$

雅可比矩阵由公式（3.12）给出，代入公式（3.7）中的雅可比矩阵，得到公式（3.13）。将测试函数和基函数代入公式（3.13），得到公式（3.14）。数值通量用公式（3.15）给出的迎风格式近似，其中边界条件基于节点左侧的值。

$$J^{\mathrm{e}}(\xi) = \frac{\partial x}{\partial \xi} = \frac{\partial \left(\sum_{j=1}^{2} N_j(\xi)x_j\right)}{\partial \xi} = \sum_{j=1}^{2} \frac{\partial N_j(\xi)}{\partial \xi} x_j = \frac{x_2 - x_1}{2} = \frac{\Delta x}{2} \tag{3.12}$$

$$N_i(\xi)N_j(\xi)\widetilde{u}\,\big|_{-1}^{1} - \left(\int_{-1}^{1} \frac{\mathrm{d}N_i(\xi)}{\mathrm{d}\xi} N_j(\xi) \mathrm{d}\xi\right) u_j = \int_{-1}^{1} N_i(\xi) \frac{\Delta x}{2} \mathrm{d}\xi \tag{3.13}$$

$$\begin{bmatrix} -\widetilde{u}_1 \\ \widetilde{u}_2 \end{bmatrix} - \begin{bmatrix} \int_{-1}^{1} \frac{-1}{2} \frac{1}{2}(1-\xi)\mathrm{d}\xi & \int_{-1}^{1} \frac{-1}{2} \frac{1}{2}(1+\xi)\mathrm{d}\xi \\ \int_{-1}^{1} \frac{1}{2} \frac{1}{2}(1-\xi)\mathrm{d}\xi & \int_{-1}^{1} \frac{1}{2} \frac{1}{2}(1+\xi)\mathrm{d}\xi \end{bmatrix} \begin{bmatrix} u_1 \\ u_2 \end{bmatrix} = \frac{\Delta x}{2} \begin{bmatrix} \int_{-1}^{1} \frac{1}{2}(1-\xi)\mathrm{d}\xi \\ \int_{-1}^{1} \frac{1}{2}(1+\xi)\mathrm{d}\xi \end{bmatrix}$$

$$\tag{3.14}$$

$$\left.\begin{aligned} \widetilde{u}_1 &= u(x = 1^-) = 1 \\ \widetilde{u}_2 &= u(x = 2^-) = u_2 \end{aligned}\right\} \tag{3.15}$$

公式（3.14）中的积分可以通过解析方法或数值方法计算，得到的方程可以写成公式（3.16），进而可以简化为公式（3.17），公式（3.18）即为方程的解，这也是该常微分方程的精确解。

$$\begin{bmatrix} -1 \\ u_2 \end{bmatrix} - \begin{bmatrix} -\dfrac{1}{2} & -\dfrac{1}{2} \\ \dfrac{1}{2} & \dfrac{1}{2} \end{bmatrix} \begin{bmatrix} u_1 \\ u_2 \end{bmatrix} = \dfrac{\Delta x}{2} \begin{bmatrix} 1 \\ 1 \end{bmatrix} \tag{3.16}$$

$$\begin{bmatrix} -\dfrac{1}{2} & -\dfrac{1}{2} \\ \dfrac{1}{2} & -\dfrac{1}{2} \end{bmatrix} \begin{bmatrix} u_1 \\ u_2 \end{bmatrix} = - \begin{bmatrix} \dfrac{3}{2} \\ \dfrac{1}{2} \end{bmatrix} \tag{3.17}$$

$$\begin{bmatrix} u_1 \\ u_2 \end{bmatrix} = \begin{bmatrix} 1 \\ 2 \end{bmatrix} \tag{3.18}$$

对于第二个单元，$x \in [2, 3]$，是一个二次单元，使用公式（3.19）给出的符号，其中位于单元中点和末端的坐标由公式（3.20）给出。对于等参数单元，单元内的变化由公式（3.21）给出，其中基函数由公式（3.22）给出。二次单元的雅可比项由公式（3.23）给出。

$$\left. \begin{aligned} u_1 &= u(x = 2^+) \\ u_2 &= u(x = 2.5) \\ u_3 &= u(x = 3^-) \end{aligned} \right\} \tag{3.19}$$

$$\left. \begin{aligned} x_1 &= 2 \\ x_2 &= 2.5 \\ x_3 &= 3 \end{aligned} \right\} \tag{3.20}$$

$$\left. \begin{aligned} \hat{u} &= N_1(\xi) u_1 + N_2(\xi) u_2 + N_3(\xi) u_3 \\ x &= N_1(\xi) x_1 + N_2(\xi) x_2 + N_3(\xi) x_3 \end{aligned} \right\} \tag{3.21}$$

$$\left. \begin{aligned} N_1(\xi) &= \dfrac{1}{2} \xi(\xi - 1) \\ N_2(\xi) &= (1 + \xi)(1 - \xi) \\ N_3(\xi) &= \dfrac{1}{2} \xi(1 + \xi) \end{aligned} \right\} \tag{3.22}$$

$$J^e(\xi) = \frac{\partial x}{\partial \xi} = \frac{\partial \left(\sum\limits_{j=1}^{3} N_j(\xi) x_j \right)}{\partial \xi} = \sum_{j=1}^{3} \frac{\partial N_j(\xi)}{\partial \xi} x_j \tag{3.23}$$

将基函数公式和雅可比矩阵代入公式（3.7）中，积分得到公式（3.24）。同样，数值通量采用公式（3.25）给出的迎风格式，其中边界条件基于节点左侧的值。二次单元的最终表达式由公式（3.26）给出，该方程的解由公式（3.27）给出，该解与精确解一致。

$$\begin{bmatrix} -\tilde{u}_1 \\ 0 \\ \tilde{u}_3 \end{bmatrix} - \begin{bmatrix} -1/2 & -2/3 & 1/6 \\ 2/3 & 0 & -2/3 \\ -1/6 & 2/3 & 1/2 \end{bmatrix} \begin{bmatrix} u_1 \\ u_2 \\ u_3 \end{bmatrix} = \begin{bmatrix} 1/6 \\ 2/3 \\ 1/6 \end{bmatrix} \quad (3.24)$$

$$\left. \begin{aligned} \tilde{u}_1 &= u(x=2^-) = 2 \\ \tilde{u}_3 &= u(x=3^-) = u_3 \end{aligned} \right\} \quad (3.25)$$

$$\begin{bmatrix} -1/2 & -2/3 & 1/6 \\ 2/3 & 0 & -2/3 \\ -1/6 & 2/3 & -1/2 \end{bmatrix} \begin{bmatrix} u_1 \\ u_2 \\ u_3 \end{bmatrix} = - \begin{bmatrix} 13/6 \\ 2/3 \\ 1/6 \end{bmatrix} \quad (3.26)$$

$$\begin{bmatrix} u_1 \\ u_2 \\ u_3 \end{bmatrix} = \begin{bmatrix} 2 \\ 2.5 \\ 3 \end{bmatrix} \quad (3.27)$$

3.2 一维线性对流

在本节中，将不连续 Galerkin 方法应用于求解公式（3.28）描述的一维线性对流问题。一维域是 [0，1]，并且被分成 Ne 个线性单元，伴随 $Ne+1$ 个节点（$0 = x_1 < x_2 < x_{Ne+1} = 1$）。用于示例目的，此例中仅使用线性和均匀尺寸的单元（图 3.3），但是在实践中这些单元的尺寸可以是不均匀的，也可以有不同的阶。

$$\left. \begin{aligned} \frac{\partial C}{\partial t} + u \frac{\partial C}{\partial x} &= 0, \qquad u = \text{const}, x \in [0,1] \\ C(x,0) &= \begin{cases} \sin(10\pi x), & x \in [0,0.1] \\ 0, & x \in [0.1,1] \end{cases} \end{aligned} \right\} \quad (3.28)$$

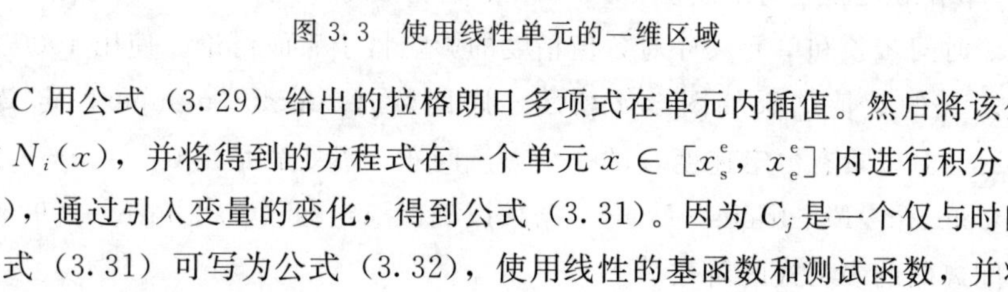

图 3.3　使用线性单元的一维区域

变量 C 用公式（3.29）给出的拉格朗日多项式在单元内插值。然后将该公式乘以测试函数 $N_i(x)$，并将得到的方程式在一个单元 $x \in [x_s^e, x_e^e]$ 内进行积分，得到公式（3.30），通过引入变量的变化，得到公式（3.31）。因为 C_j 是一个仅与时间相关的函数，公式（3.31）可写为公式（3.32），使用线性的基函数和测试函数，并将全局坐标转换为局部坐标系，得到公式（3.33）。

$$C \approx \hat{C} = \sum_{j=1}^{2} N_j C_j \quad (3.29)$$

$$\int_{x_s^e}^{x_e^e} N_i(x)\frac{\partial \hat{C}}{\partial t}\mathrm{d}x + u\int_{x_s^e}^{x_e^e} N_i(x)\frac{\partial \hat{C}}{\partial x}\mathrm{d}x = 0 \tag{3.30}$$

$$\int_{x_s^e}^{x_e^e} N_i(x)\frac{\partial N_j(x)C_j}{\partial t}\mathrm{d}x + u\left(N_i(x)\widetilde{C}\,\Big|_{x_s^e}^{x_e^e} - \int_{x_s^e}^{x_e^e}\frac{\partial N_i(x)}{\partial x}N_j(x)C_j\,\mathrm{d}x\right) = 0 \tag{3.31}$$

$$\int_{x_s^e}^{x_e^e} N_i(x)N_j(x)\,\mathrm{d}x\,\frac{\partial C_j}{\partial t} + u\,N_i(x)\widetilde{C}\,\Big|_{x_s^e}^{x_e^e} - u\left(\int_{x_s^e}^{x_e^e}\frac{\partial N_i(x)}{\partial x}N_j(x)\,\mathrm{d}x\right)C_j = 0 \tag{3.32}$$

$$\frac{\Delta x}{2}\int_{-1}^{1} N_i(\xi)N_j(\xi)\,\mathrm{d}\xi\,\frac{\partial C_j}{\partial t} + u\,N_i(\xi)\widetilde{C}\,\Big|_{-1}^{1} - u\left(\int_{-1}^{1}\frac{\partial N_i(\xi)}{\partial \xi}N_j(\xi)\,\mathrm{d}\xi\right)C_j = 0 \tag{3.33}$$

将公式（3.33）积分得到公式（3.34），它可以简化为公式（3.35）。边界处的数值通量使用由公式（3.36）给出的迎风格式近似。最后，公式（3.35）可以简化为公式（3.37）。

$$\Delta x\begin{bmatrix} 2/6 & 1/6 \\ 1/6 & 2/6 \end{bmatrix}\frac{\partial}{\partial t}\begin{bmatrix} C_1 \\ C_2 \end{bmatrix} + u\begin{bmatrix} -\widetilde{C}_1 \\ \widetilde{C}_2 \end{bmatrix} - u\begin{bmatrix} -1/2 & -1/2 \\ 1/2 & 1/2 \end{bmatrix}\begin{bmatrix} C_1 \\ C_2 \end{bmatrix} = 0 \tag{3.34}$$

$$\frac{\partial}{\partial t}\begin{bmatrix} C_1 \\ C_2 \end{bmatrix} = \frac{u}{\Delta x}\begin{bmatrix} -3 & -3 \\ 3 & 3 \end{bmatrix}\begin{bmatrix} C_1 \\ C_2 \end{bmatrix} - \frac{u}{\Delta x}\begin{bmatrix} -4 & -2 \\ 2 & 4 \end{bmatrix}\begin{bmatrix} \widetilde{C}_1 \\ \widetilde{C}_2 \end{bmatrix} \tag{3.35}$$

$$\widetilde{C}_j = \begin{cases} C_j^-, & u > 0 \\ C_j^+, & u < 0 \end{cases} \tag{3.36}$$

$$\frac{\partial C}{\partial t} = L = \frac{u}{\Delta x}\begin{bmatrix} -3 & -3 \\ 3 & 3 \end{bmatrix}\begin{bmatrix} C_1 \\ C_2 \end{bmatrix} - \frac{u}{\Delta x}\begin{bmatrix} -4 & -2 \\ 2 & 4 \end{bmatrix}\begin{bmatrix} \widetilde{C}_1 \\ \widetilde{C}_2 \end{bmatrix} \tag{3.37}$$

必须使用时间积分来计算下一个时间步长的新值。以前的研究表明，总变差减小的龙格-库塔时间积分方法应该比用于空间离散化的多项式高一阶（Cockburn 和 Lin，1989；Cockburn 和 Shu，1989；Cockburn 等，1990）。在这个例子中，二阶总变差减小的龙格-库塔格式被应用于线性单元（阶数 $p = 1$）。对于 $u = 1$，寻求 $t = 0.6$ 的数值结果。时间步长和单元尺寸对数值精度的影响将于后面讨论。使用 1000 个单元和不同时间步长的数值结果如图 3.4 所示。库朗数（Courant number）定义为 $Cr = |u|\Delta t/\Delta x$。对于具有恒定速度 u 的一维对流问题，需要满足由 $Cr = (2p+1)^{-1}$ 给出的 CFL（Courant – Friedrichs – Lewy）条件以确保稳定性（Cockburn，1999），其中 p 是用于空间离散的多项式的阶数。

$$\left.\begin{aligned} C^{(1)} &= C^n + \Delta t L(C^n) \\ C^{n+1} &= \frac{1}{2}\left[C^n + C^{(1)} + \Delta t L(C^{(1)})\right] \end{aligned}\right\} \tag{3.38}$$

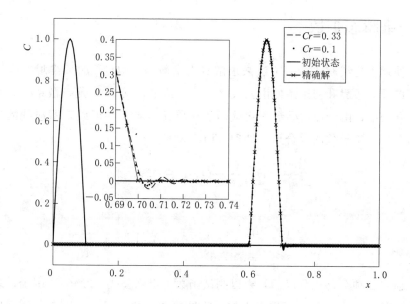

图 3.4　线性对流问题使用不同的时间步长

在图 3.4 中呈现了库朗数为 0.1 和 0.33 的数值结果。随着时间步长的增加，在波浪的前端观察到了振荡。库朗数为 0.1 的数值解与精确解非常一致。在图 3.5 中呈现了分别使用 100 个和 1000 个单元而且库朗数都为 0.1 的数值解，很明显，随着网格尺寸的细化，可以获得更精确的数值结果。在本书中没有讨论关于数值稳定性、收敛性、一致性和数值误差的问题。有兴趣的读者可以在涉及数值方法或计算流体动力学的书中找到更详细的内容（Hirsch，1988，1990；Chung，2002；Li，2006）。

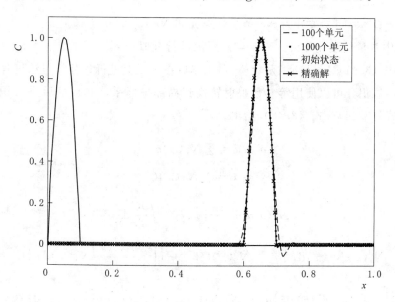

图 3.5　线性对流问题使用不同的单元尺寸

3.3　一维瞬态扩散

本节使用不连续 Galerkin 方法来求解具有常数源项（Q）的一维瞬态线性扩散问题。该问题及其边界和初始条件由公式（3.39）给出，其中 D 是扩散系数。在不连续 Galerkin 方法中，由于形状函数和测试函数在单元边界上都可以是不连续的，二阶空间导数需要以一阶导数的混合形式处理（Li，2006）。

$$\left.\begin{aligned}&\frac{\partial C}{\partial t}=D\frac{\partial^2 C}{\partial x^2}+Q,\ x\in[0,1]\\&D=1\\&C(x=0)=C(x=1)=0\\&C(x,t=0)=0\end{aligned}\right\}\tag{3.39}$$

对二阶导数项分部积分以后，乘以测试函数，得到公式（3.40）。困难出现在定义单元边界上的 $\partial C/\partial x$ 通量，可以引入与一阶导数相关的中间变量以避免该问题。通过定义中间变量，如公式（3.41）所示，扩散问题可以写成公式（3.42）。

$$\int_{x_s^e}^{x_e^e}N_i\frac{\partial^2 C}{\partial x^2}\mathrm{d}x=N_i\frac{\partial C}{\partial x}\Big|_{x_s^e}^{x_e^e}-\int_{x_s^e}^{x_e^e}\frac{\partial N_i}{\partial x}\frac{\partial C}{\partial x}\mathrm{d}x\tag{3.40}$$

$$q=-\frac{\partial C}{\partial x}\ \text{或}\ q+\frac{\partial C}{\partial x}=0\tag{3.41}$$

$$\frac{\partial C}{\partial t}+\frac{\partial q}{\partial x}=Q\tag{3.42}$$

区域 $x\in[0,1]$ 被分为 Ne 个线性单元和 $Ne+1$ 个节点（$0=x_1<x_2<x_{Ne+1}=1$）。单元中变量的变化如公式（3.43）所示进行近似。

将公式（3.41）乘以测试函数 $N_i(x)$ 然后在单元上进行积分，对浓度梯度项使用分部积分，该积分可以使用等参数映射转换到局部坐标系，并且最后进行积分，这些步骤由公式（3.44）～式（3.48）给出。

$$\left.\begin{aligned}&q\approx\hat{q}=\sum N_j(x)q_j\\&C\approx\hat{C}=\sum N_j(x)C_j\end{aligned}\right\}\tag{3.43}$$

$$\int_{x_s^e}^{x_e^e}N_i(x)\hat{q}\mathrm{d}x+\int_{x_s^e}^{x_e^e}N_i(x)\frac{\partial\hat{C}}{\partial x}\mathrm{d}x=0\tag{3.44}$$

$$\left(\int_{x_s^e}^{x_e^e}N_i(x)N_j(x)\mathrm{d}x\right)q_j+N_i(x)\tilde{C}\Big|_{x_s^e}^{x_e^e}-\left(\int_{x_s^e}^{x_e^e}\frac{\partial N_i(x)}{\partial x}N_j(x)\mathrm{d}x\right)C_j=0\tag{3.45}$$

$$\frac{\Delta x}{2}\left(\int_{-1}^{1}N_i(\xi)N_j(\xi)\mathrm{d}\xi\right)q_j+N_i(\xi)\tilde{C}\Big|_{-1}^{1}-\left(\int_{-1}^{1}\frac{\partial N_i(\xi)}{\partial\xi}N_j(\xi)\mathrm{d}\xi\right)C_j=0\tag{3.46}$$

$$\Delta x \begin{bmatrix} 2/6 & 1/6 \\ 1/6 & 2/6 \end{bmatrix} \begin{bmatrix} q_1 \\ q_2 \end{bmatrix} + \begin{bmatrix} -\tilde{C}_1 \\ \tilde{C}_2 \end{bmatrix} - \begin{bmatrix} -1/2 & -1/2 \\ 1/2 & 1/2 \end{bmatrix} \begin{bmatrix} C_1 \\ C_2 \end{bmatrix} = \begin{bmatrix} 0 \\ 0 \end{bmatrix} \tag{3.47}$$

$$\begin{bmatrix} q_1 \\ q_2 \end{bmatrix} = \frac{1}{\Delta x} \begin{bmatrix} -3 & -3 \\ 3 & 3 \end{bmatrix} \begin{bmatrix} C_1 \\ C_2 \end{bmatrix} - \frac{1}{\Delta x} \begin{bmatrix} -4 & 2 \\ -2 & 4 \end{bmatrix} \begin{bmatrix} \tilde{C}_1 \\ \tilde{C}_2 \end{bmatrix} \tag{3.48}$$

对公式（3.42）采用上述针对公式（3.41）的类似过程，结果由公式（3.49）~公式（3.53）给出。公式（3.54）为使用中心通量计算这种扩散问题的数值通量。在此示例中，源项（Q）取 1.0。

$$\int_{x_s^e}^{x_e^e} N_i(x) \frac{\partial \hat{C}}{\partial t} dx + \int_{x_s^e}^{x_e^e} N_i(x) \frac{\partial \hat{q}}{\partial x} dx = Q \int_{x_s^e}^{x_e^e} N_i(x) dx \tag{3.49}$$

$$\left(\int_{x_s^e}^{x_e^e} N_i(x) N_j(x) dx \right) \frac{\partial C_j}{\partial t} + N_i(x) \tilde{q} \Big|_{x_s^e}^{x_e^e} - \left(\int_{x_s^e}^{x_e^e} \frac{\partial N_i(x)}{\partial x} N_j(x) dx \right) q_j$$

$$= Q \int_{x_s^e}^{x_e^e} N_i(x) dx \tag{3.50}$$

$$\frac{\Delta x}{2} \left(\int_{-1}^{1} N_i(\xi) N_j(\xi) d\xi \right) \frac{\partial C_j}{\partial t} + N_i(\xi) \tilde{q} \Big|_{-1}^{1} - \left(\int_{-1}^{1} \frac{\partial N_i(\xi)}{\partial \xi} N_j(\xi) d\xi \right) q_j$$

$$= Q \frac{\Delta x}{2} \int_{-1}^{1} N_i(\xi) d\xi \tag{3.51}$$

$$\Delta x \begin{bmatrix} 2/6 & 1/6 \\ 1/6 & 2/6 \end{bmatrix} \frac{\partial}{\partial t} \begin{bmatrix} C_1 \\ C_2 \end{bmatrix} + \begin{bmatrix} -\tilde{q}_1 \\ \tilde{q}_2 \end{bmatrix} - \begin{bmatrix} -1/2 & -1/2 \\ 1/2 & 1/2 \end{bmatrix} \begin{bmatrix} q_1 \\ q_2 \end{bmatrix} = \frac{Q \Delta x}{2} \begin{bmatrix} 1 \\ 1 \end{bmatrix} \tag{3.52}$$

$$\frac{\partial}{\partial t} \begin{bmatrix} C_1 \\ C_2 \end{bmatrix} = \frac{1}{\Delta x} \begin{bmatrix} -3 & -3 \\ 3 & 3 \end{bmatrix} \begin{bmatrix} q_1 \\ q_2 \end{bmatrix} + \frac{1}{\Delta x} \begin{bmatrix} 4 & -2 \\ -2 & 4 \end{bmatrix} \begin{bmatrix} Q\Delta x/2 + \tilde{q}_1 \\ Q\Delta x/2 - \tilde{q}_2 \end{bmatrix} \tag{3.53}$$

$$\left. \begin{array}{l} \tilde{C}_k = \dfrac{C_k^- + C_k^+}{2} \\[2mm] \tilde{q}_k = \dfrac{q_k^- + q_k^+}{2} \end{array} \right\} \tag{3.54}$$

计算过程包括首先执行初始条件 $C(x, t = 0)$。在计算从时间步长 n 到时间步长 $n+1$ 过程中，首先使用公式（3.48）求解未知数 q^n，然后使用公式（3.53）进行适当的时间积分计算 C^{n+1}，最后将得到的 C^{n+1} 代入公式（3.48）计算 q^{n+1}。继续此过程直到指定时间或达到稳定状态。这里时间积分采用一阶欧拉前向差分法。定义扩散数 $d = D\Delta t/\Delta x^2$，数值结果表明，对此例中使用的线性单元，扩散数应该小于或等于 0.125 以得到稳定解。使用 200 个单元即 $\Delta x = 0.005$ 的数值结果如图 3.6 所示。

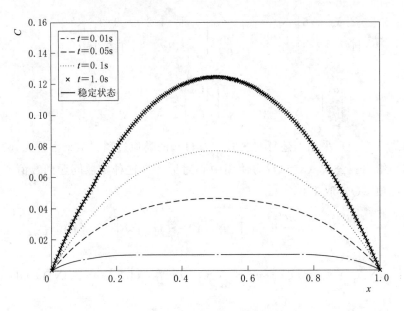

图 3.6 一维扩散问题的数值解

3.4 一维稳态扩散

以下使用不连续 Galerkin 方法来求解一维稳定扩散的控制方程 （3.55）。使用不连续 Galerkin 方法时，控制方程可以写成公式 （3.56）或公式 （3.57）的混合形式，后者被研究人员广泛使用 （Castillo 等，2001；Li，2006）。数值结果表明混合形式的选择很重要，因此这里采用公式 （3.57）。初始扩散方程可以写成公式 （3.58）和公式 （3.59）。

$$\frac{\mathrm{d}^2 C}{\mathrm{d} x^2} + Q = 0 \tag{3.55}$$

$$\left. \begin{aligned} q &= -\frac{\mathrm{d} C}{\mathrm{d} x} \\ -\frac{\mathrm{d} q}{\mathrm{d} x} + Q &= 0 \end{aligned} \right\} \tag{3.56}$$

$$\left. \begin{aligned} q &= \frac{\mathrm{d} C}{\mathrm{d} x} \\ \frac{\mathrm{d} q}{\mathrm{d} x} + Q &= 0 \end{aligned} \right\} \tag{3.57}$$

$$\frac{\mathrm{d} C}{\mathrm{d} x} - q = 0 \qquad x \in [0, 1] \tag{3.58}$$

$$\frac{\mathrm{d} q}{\mathrm{d} x} + Q = 0 \qquad x \in [0, 1] \tag{3.59}$$

在模拟中使用 $C(x=0)=C(x=1)=0$ 和 $Q=1.0$ 的边界条件。不连续 Galerkin

方法的步骤与之前使用过的类似。区域 $x \in [0, 1]$ 被分为 Ne 个线性单元和 $Ne+1$ 个节点（$0 = x_1 < x_2 < x_{Ne+1} = 1$）。采用上一节中所讨论的步骤，从公式（3.58）可得到公式（3.60）和公式（3.61），而公式（3.59）转换为公式（3.62）和公式（3.63）。公式（3.61）和公式（3.63）组合得到公式（3.64）。

$$N_i(\xi)\widetilde{C}\big|_{-1}^{1} - \left(\int_{-1}^{1}\frac{\partial N_i(\xi)}{\partial \xi}N_j(\xi)\,\mathrm{d}\xi\right)C_j - \frac{\Delta x}{2}\left(\int_{-1}^{1}N_i(\xi)N_j(\xi)\,\mathrm{d}\xi\right)q_j = 0$$

$$(3.60)$$

$$\begin{bmatrix}-\widetilde{C}_1 \\ \widetilde{C}_2\end{bmatrix} - \begin{bmatrix}-1/2 & -1/2 \\ 1/2 & 1/2\end{bmatrix}\begin{bmatrix}C_1 \\ C_2\end{bmatrix} - \Delta x \begin{bmatrix}2/6 & 1/6 \\ 1/6 & 2/6\end{bmatrix}\begin{bmatrix}q_1 \\ q_2\end{bmatrix} = 0 \qquad (3.61)$$

$$N_i(\xi)\widetilde{q}\big|_{-1}^{1} - \left(\int_{-1}^{1}\frac{\partial N_i(\xi)}{\partial \xi}N_j(\xi)\mathrm{d}\xi\right)q_j + Q\frac{\Delta x}{2}\int_{-1}^{1}N_i(\xi)\mathrm{d}\xi = 0 \qquad (3.62)$$

$$\begin{bmatrix}-\widetilde{q}_1 \\ \widetilde{q}_2\end{bmatrix} - \begin{bmatrix}-1/2 & -1/2 \\ 1/2 & 1/2\end{bmatrix}\begin{bmatrix}q_1 \\ q_2\end{bmatrix} + \frac{Q\Delta x}{2}\begin{bmatrix}1 \\ 1\end{bmatrix} = 0 \qquad (3.63)$$

$$\begin{bmatrix}-1/2 & -1/2 & \Delta x/3 & \Delta x/6 \\ 1/2 & 1/2 & \Delta x/6 & \Delta x/3 \\ 0 & 0 & -1/2 & -1/2 \\ 0 & 0 & 1/2 & 1/2\end{bmatrix}\begin{bmatrix}C_1 \\ C_2 \\ q_1 \\ q_2\end{bmatrix} = \begin{bmatrix}-\widetilde{C}_1 \\ \widetilde{C}_2 \\ -\widetilde{q}_1 + Q\Delta x/2 \\ \widetilde{q}_2 + Q\Delta x/2\end{bmatrix} \qquad (3.64)$$

由公式（3.64）给出的 4×4 矩阵是奇异矩阵。为了解决这个问题，需要适当选择数值通量。此外，数值通量应满足稳定性要求，并且满足存在条件和独特条件。可以在文献中找到更多关于稳态热传导问题的数值通量的讨论（Castillo 等，2001；Arnold 等，2002；Li，2006）。在这个例子中，数值通量使用公式（3.65）来近似表达，将数值通量函数代入公式（3.64），得到公式（3.66），其中 $b_1 = a_{12} + 0.5$，$b_2 = a_{12} - 0.5$。

$$\left.\begin{aligned}\widetilde{C}_k &= \frac{1}{2}(C_k^- + C_k^+) + a_{12}(C_k^- - C_k^+) \\ \widetilde{q}_k &= \frac{1}{2}(q_k^- + q_k^+) - a_{11}(C_k^- - C_k^+) - a_{12}(q_k^- - q_k^+)\end{aligned}\right\} \qquad (3.65)$$

$$\begin{bmatrix}-a_{12} & -0.5 & \Delta x/3 & \Delta x/6 \\ 0.5 & -a_{12} & \Delta x/6 & \Delta x/3 \\ a_{11} & 0 & a_{12} & -0.5 \\ 0 & a_{11} & 0.5 & a_{12}\end{bmatrix}\begin{bmatrix}C_1 \\ C_2 \\ q_1 \\ q_2\end{bmatrix} = \begin{bmatrix}-b_1 C_1^- \\ -b_2 C_2^+ \\ b_2 q_1^- + a_{11}C_1^- + Q\Delta x/2 \\ b_1 q_2^+ + a_{11}C_2^+ + Q\Delta x/2\end{bmatrix} \qquad (3.66)$$

可以使用迭代方法求解方程（3.66）。未知数 C 和 q 最初设置为零。边界条件在迭代步骤 n（$n = 1, 2, \cdots$）之前强制执行。在 n 次迭代期间，按顺序执行计算，从第一个单元到最后一个单元。在一个单元中，C_1^- 和 q_1^- 是根据前面的单元或初始猜测来计算的，C_2^+ 和 q_2^+ 由之后的单元或初始猜测计算得出。这些值被替换到公式（3.66）的右侧

来获得迭代 n 次的新值。使用更新的数据继续进行计算，直到达到收敛标准（ε）或特定的迭代次数。公式（3.67）是基于迭代时的步长 $n+1$ 和 n 值给出的 L^2 范数，可以用于确定方程解的收敛条件。

$$\left[\frac{\sum_{j=1}^{Ne+1}((\Delta C_j^-)^2+(\Delta C_j^+)^2+(\Delta q_j^-)^2+(\Delta q_j^+)^2)}{\sum_{j=1}^{Ne+1}(C_{j,\,n+1}^{-}{}^2+C_{j,\,n+1}^{+}{}^2+q_{j,\,n+1}^{-}{}^2+q_{j,\,n+1}^{+}{}^2)}\right]<\varepsilon \qquad (3.67)$$

Castillo 等（2001）证明需要使用 $a_{11}>0$ 来提供稳定、收敛和独特的解。在这种情况下，使用 $a_{11}=1$，以及分别使用 $a_{12}=0.5$、$a_{12}=-0.5$ 和 $a_{12}=0$ 对应于计算 C 的迎风、逆风和中心差分。使用 10 个单元的数值结果如图 3.7 所示，这表明，参数的选择对数值格式的结果有很大的影响。

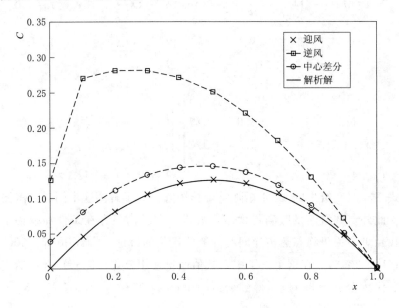

图 3.7　使用不同通量参数的稳态扩散

与公式（3.57）相反，由公式（3.56）给出的混合形式被使用，同样使用由公式（3.65）给出的边界通量函数。在这种情况下，数值结果表明必需使用 $a_{11}<0$ 来实现稳定、收敛和唯一解。由此产生的积分方程见公式（3.68）。

$$\begin{bmatrix} -a_{12} & -0.5 & -\Delta x/3 & -\Delta x/6 \\ 0.5 & -a_{12} & -\Delta x/6 & -\Delta x/3 \\ a_{11} & 0 & a_{12} & -0.5 \\ 0 & a_{11} & 0.5 & a_{12} \end{bmatrix}\begin{bmatrix} C_1 \\ C_2 \\ q_1 \\ q_2 \end{bmatrix}=\begin{bmatrix} -b_1 C_1^- \\ -b_2 C_2^+ \\ b_2 q_1^- + a_{11} C_1^- - Q\Delta x/2 \\ b_1 q_2^+ + a_{11} C_2^+ - Q\Delta x/2 \end{bmatrix} \qquad (3.68)$$

应用不连续 Galerkin 方法在椭圆型方程问题中，混合形式的选择和边界通量函数参数决定了数值结果的优劣。然而，使用连续 Galerkin 有限元方法，可以很容易解决具有二阶空间导数的椭圆型方程问题。所以应用不连续 Galerkin 方法之前，读者应该清楚了解方程式的类型。由于不连续 Galerkin 方法适用于模拟双曲型方程的守恒形式，本书的重点将集中在这种类型的问题上。关于不连续 Galerkin 方法在椭圆型和抛物型方程的方法应用的更多细节，可以在文献（Rivière，2008）中找到。

参 考 文 献

Arnold，D. N.，Brezzi，F.，Cockburn，B.，and Marini，L. D.（2002）. Unified Analysis of Discontinuous Implementation. SIAM，Philadelphia.

Castillo，P.，Cockburn，B.，Perugia，I.，and Schötzau，D.（2001）. An a priori error analysis of the local discontinuous Galerkin method for elliptic problems. SIAM Journal on Numerical Analysis，38（5），1676 - 1706.

Chung，T. J.（2002）. Computational Fluid Dynamics. Cambridge University Press，Cambridge.

Cockburn，B.（1999）. Discontinuous Galerkin methods for convection dominated problems. In High - Order Methods for Computational Physics (Lecture Notes in Computational Science and Engineering，vol. 9)，edited by T. Barth and H. Deconinck，Springer - Verlag，New York，69 - 224.

Cockburn，B.，Hou，S.，and Shu，C. W.（1990）. The Runge - Kutta local projection discontinuous Galerkin finite element method for conservation laws IV: The multidimensional case. Mathematics of Computation，54（190），545 - 581.

Cockburn，B.，and Lin，S. Y.（1989）. TVB Runge - Kutta local projection discontinuous Galerkin finite element method for conservation laws III: One - dimensional systems. Journal of Computational Physics，84（1），90 - 113.

Cockburn，B.，and Shu，C. W.（1989）. TVB Runge - Kutta local projection discontinuous Galerkin finite element method for conservation laws II: General framework. Mathematics of Computation，52（186），411 - 435.

Hirsch，C.（1988）. Numerical Computation of Internal and External Flows，Volume 1: Fundamentals of Numerical Discretization. Wiley，New York.

Hirsch，C.（1990）. Numerical Computation of Internal and External Flows，Volume 2: Computational Methods for Inviscid and Viscous Flows. Wiley，New York.

Li，B. Q.（2006）. Discontinuous Finite Elements in Fluid Dynamics and Heat Transfer. Springer - Verlag，London.

Rivière，B.（2008）. Discontinuous Galerkin Methods for Solving Elliptic and Parabolic Equations: Theory and Implementation. SIAM，Philadelphia.

第 4 章

一 维 守 恒 定 律

在本章和后续章节中，将应用不连续 Galerkin 方法求解受双曲型守恒定律支配的浅水流问题。本章讨论了一维守恒定律的标量方程和矢量方程组系统。不连续 Galerkin 方法首先应用于作为基准问题的伯格斯方程（Burgers' equation），然后解决矩形渠道的浅水流问题，最后给出了针对非线性守恒定律的总变差减小（TVD）斜率限制器。

4.1 伯格斯方程

伯格斯方程描述了非线性对流问题，已广泛用作求解数值格式的试验算例，是激波和稀疏波在流体中的波动现象的理想化表达形式。在本节中，不连续 Galerkin 方法被用于求解伯格斯方程。

4.1.1 伯格斯方程的属性

伯格斯方程的守恒形式及其特征波速（特征值）分别由公式（4.1）和公式（4.2）给出。对于伯格斯方程，初始条件决定了是否产生激波或稀疏波，公式（4.3）给出了不连续的初始条件。公式（4.4）和公式（4.5）分别给出了 $u_L > u_R$ 和 $u_L < u_R$ 的解 $u(x, t)$，分别代表了激波和稀疏波。

$$\frac{\partial u}{\partial t} + \frac{\partial f(u)}{\partial x} = \frac{\partial u}{\partial t} + \frac{\partial 0.5u^2}{\partial x} = 0 \tag{4.1}$$

$$\lambda = \frac{\partial f(u)}{\partial u} = \frac{\partial 0.5u^2}{\partial u} = u \tag{4.2}$$

$$u(x, 0) = \begin{cases} u_L, & x < 0 \\ \dfrac{u_L + u_R}{2}, & x = 0 \\ u_R, & x > 0 \end{cases} \tag{4.3}$$

$$u(x, t) = \begin{cases} u_L, & x/t < (u_L + u_R)/2 \\ \dfrac{u_L + u_R}{2}, & x/t = (u_L + u_R)/2 \\ u_R, & x/t > (u_L + u_R)/2 \end{cases} \tag{4.4}$$

$$u(x,t)=\begin{cases}u_{\mathrm{L}}, & x/t\leqslant u_{\mathrm{L}}\\ x/t, & u_{\mathrm{L}}<x/t<u_{\mathrm{R}}\\ u_{\mathrm{R}}, & x/t\geqslant u_{\mathrm{R}}\end{cases} \tag{4.5}$$

4.1.2　伯格斯方程的不连续 Galerkin 方法求解步骤

公式（4.6）给出了伯格斯方程及其初始条件。一维域分为具有 $Ne+1$ 个节点（$-1=x_1<x_2<x_{Ne+1}=1$）的 Ne 个线性单元。变量在单元中的变化用公式（4.7）近似表达。

$$\begin{aligned}\frac{\partial u}{\partial t}+\frac{\partial f(u)}{\partial x}&=\frac{\partial u}{\partial t}+\frac{\partial 0.5u^2}{\partial x}=0, \quad x\in[-1,1]\\ u(x,0)&=\begin{cases}u_{\mathrm{L}}, & x\in[-1,0)\\ u_{\mathrm{R}}, & x\in(0,1]\end{cases}\end{aligned} \tag{4.6}$$

$$\begin{aligned}u\approx\hat{u}&=\sum N_j(x)u_j\\ f\approx\hat{f}&=f(\hat{u})=0.5\hat{u}^2\end{aligned} \tag{4.7}$$

将控制方程乘以测试函数 $N_i(x)$ 然后在单元 $[x_{\mathrm{s}}^{\mathrm{e}}, x_{\mathrm{e}}^{\mathrm{e}}]$ 上进行积分。对通量项使用分部积分，单元边界处的数值通量用 $\widetilde{f}$ 表示，单元中的未知数用公式（4.7）的近似值代替，最后将物理域转换为局部坐标系统，如公式（4.8）~公式（4.11）所示。

$$\int_{x_{\mathrm{s}}^{\mathrm{e}}}^{x_{\mathrm{e}}^{\mathrm{e}}}N_i(x)\frac{\partial\hat{u}}{\partial t}\mathrm{d}x+\int_{x_{\mathrm{s}}^{\mathrm{e}}}^{x_{\mathrm{e}}^{\mathrm{e}}}N_i(x)\frac{\partial\hat{f}}{\partial x}\mathrm{d}x=0 \tag{4.8}$$

$$\int_{x_{\mathrm{s}}^{\mathrm{e}}}^{x_{\mathrm{e}}^{\mathrm{e}}}N_i(x)\frac{\partial\hat{u}}{\partial t}\mathrm{d}x+N_i(x)\widetilde{f}\Big|_{x_{\mathrm{s}}^{\mathrm{e}}}^{x_{\mathrm{e}}^{\mathrm{e}}}-\int_{x_{\mathrm{s}}^{\mathrm{e}}}^{x_{\mathrm{e}}^{\mathrm{e}}}\frac{\partial N_i(x)}{\partial x}\hat{f}\mathrm{d}x=0 \tag{4.9}$$

$$\left(\int_{x_{\mathrm{e}}^{\mathrm{e}}}^{x_{\mathrm{e}}^{\mathrm{e}}}N_i(x)N_j(x)\mathrm{d}x\right)\frac{\partial u_j}{\partial t}+N_i(x)\widetilde{f}\Big|_{x_{\mathrm{s}}^{\mathrm{e}}}^{x_{\mathrm{e}}^{\mathrm{e}}}-\int_{x_{\mathrm{s}}^{\mathrm{e}}}^{x_{\mathrm{e}}^{\mathrm{e}}}\frac{\partial N_i(x)}{\partial x}f(\hat{u}(x))\mathrm{d}x=0 \tag{4.10}$$

$$\left(\frac{\Delta x}{2}\int_{-1}^{1}N_i(\xi)N_j(\xi)\mathrm{d}\xi\right)\frac{\partial u_j}{\partial t}+N_i(\xi)\widetilde{f}\big|_{-1}^{1}-\int_{-1}^{1}\frac{\partial N_i(\xi)}{\partial\xi}f(\hat{u}(\xi))\mathrm{d}\xi=0 \tag{4.11}$$

对于线性单元，公式（4.11）可以继续简化为公式（4.12）和公式（4.13）。数值通量 $\widetilde{f}$ 使用迎风通量近似，迎风通量基于特征值 λ 计算，数值通量和特征值分别由公式（4.14）和公式（4.15）给出。

$$\Delta x\begin{bmatrix}2/6 & 1/6\\ 1/6 & 2/6\end{bmatrix}\frac{\partial}{\partial t}\begin{bmatrix}u_1\\ u_2\end{bmatrix}+\begin{bmatrix}-\widetilde{f}_1\\ \widetilde{f}_2\end{bmatrix}-\int_{-1}^{1}f(\hat{u}(\xi))\mathrm{d}\xi\begin{bmatrix}-0.5\\ 0.5\end{bmatrix}=0 \tag{4.12}$$

$$\frac{\partial}{\partial t}\begin{bmatrix}u_1\\ u_2\end{bmatrix}=\frac{1}{\Delta x}\begin{bmatrix}4 & -2\\ -2 & 4\end{bmatrix}\left(\int_{-1}^{1}f(\hat{u}(\xi))\mathrm{d}\xi\begin{bmatrix}-0.5\\ 0.5\end{bmatrix}-\begin{bmatrix}-\widetilde{f}_1\\ \widetilde{f}_2\end{bmatrix}\right) \tag{4.13}$$

$$\widetilde{f}(u^-,u^+)=\begin{cases}f(u^-)=0.5(u^-)2, & \lambda=u>0\\ f(u^+)=0.5(u^+)2 & \lambda=u<0\end{cases} \tag{4.14}$$

$$u=0.5(u^-+u^+) \tag{4.15}$$

对于激波情况，选择 $u_L=1.0$ 和 $u_R=0.5$ 进行模拟，时间 $t=0.6$ 时的数值解如图 4.1 所示。该模拟将空间域分为 200 个均匀大小的单元并且使用时间步长库朗数为 0.1。在此计算了一阶欧拉前向时间积分和二阶总变差减小龙格-库塔时间积分，与精确解进行比较，两者都观察到冲击前沿周围的振荡。下一节将使用总变差减小斜率限制器消除这些振荡的数值技术。

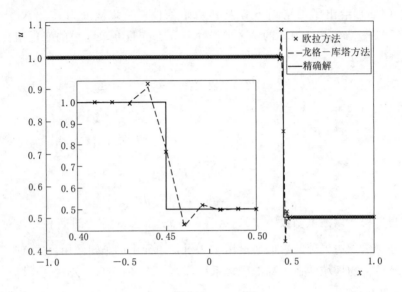

图 4.1　伯格斯方程激波的解

对于稀疏波情况，使用 $u_L=0.5$ 和 $u_R=1.0$ 进行模拟。在图 4.2 中显示了时间 $t=0.6$ 时的数值解，仍采用单元数量 200 和库朗数 0.1。在一阶欧拉前向时间积分的情况下产生了大的振荡，而二阶总变差减小龙格-库塔时间积分的振荡可以忽略不计。

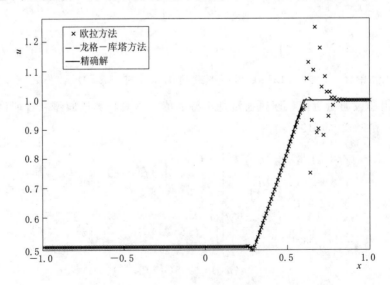

图 4.2　伯格斯方程稀疏波的解

4.2 总变差减小斜率限制器

正如前面的例子所指出的，高阶的数值格式会在激波的不连续处或者大斜率处观察到非物理的虚假振荡。总变差减小（TVD）方法是提供高阶精度和抑制虚假振荡的一类非线性方法。除了 TVD 方法，本质非振荡方法（ENO）（Harten 等，1987）和加权本质非振荡方法（WENO）（Liu 等，1994）也被广泛用于抑制虚假振荡。总变差减小方法的发展可以在相关文献中找到（Toro，2009）。本节将描述总变差减小斜率限制器。

4.2.1 总变差减小方法

总变差减小方法仅对标量的一维问题具有全面的理论基础，参见相关文献（Harten，1983；Harten 和 Lax，1984；Sweby，1984）。但是，实践经验和数值试验表明，一维标量的理论可以很好地扩展到多维的非线性问题。对于给定的函数 $u = u(x)$，u 的总变化由公式（4.16）给出。如果 $u(x)$ 是平滑和可微分的，则公式（4.16）可以简化为公式（4.17），$TV(u)$ 为总变差。

$$TV(u) = \limsup_{\varepsilon \to 0} \frac{1}{\varepsilon} \int_{-\infty}^{\infty} |u(x + \varepsilon) - u(x)| \, dx \qquad (4.16)$$

$$TV(u) = \int_{-\infty}^{\infty} \left| \frac{du(x)}{dx} \right| \, dx \qquad (4.17)$$

如果 du/dx 被解释为分布导数，则方程（4.17）即使对于不连续和不能求导的函数也仍然有效。变量 u 离散情况下的总变化由公式（4.18）给出。一个数值方法如果满足公式（4.19）给出的条件，则被称为总变差减小（TVD）或总变差不增加（TV-NI），该公式显示了从时间步长 n 到 $n+1$ 的解的更新；如果在数值格式中产生振荡，则总变化会随着时间而增加。总变差减小的方法是基于总变差不随时间增加的要求而抑制了这些振荡。因此，总变差减小的方法提供了平滑的无振荡的解。

$$TV(u) = \sum_{i=-\infty}^{\infty} |u_{i+1} - u_i| \qquad (4.18)$$

$$TV(u^{n+1}) \leqslant TV(u^n) \ \forall n \qquad (4.19)$$

4.2.2 总变差减小斜率限制器的公式

如 4.1 节所述，高阶格式在不连续或大斜率附近存在虚假振荡。斜率限制器的想法是使用相邻单元重构具有有限斜率的变量。数据重构方法是基于守恒律的单调迎风方法（MUSCL）（van Leer，1979）和分段抛物型方法（PPM）（Colella 和 Woodward，1984）。

在求解出计算域中的每个单元中未知数之后应用限制过程。按照 MUSCL 方法，$U(x)$ 在单元中的二阶分段线性构造由公式（4.20）给出，其中 $\overline{U}_e$ 是变量 $U(x)$ 在单元中的平均值，$U_{el}(x)$ 是单元中的被限制值，$\overline{x}$ 是单元的中点，σ_e 是单元 e 中的有限斜率。很明显，变量 $U(x)$ 的平均值在限制过程之后不会改变，这是守恒律的重要要求。最新计算的值被限制后的值更新，因而抑制了虚假振荡。

$$U_{el}(x) = \overline{U}_e + (x - \overline{x})\sigma_e, \qquad x_s^e \leqslant x \leqslant x_e^e \tag{4.20}$$

为了计算限制斜率，须定义迎风斜率 a、逆风斜率 b 和中心斜率 $(a+b)/2$，它们分别由公式（4.21）～公式（4.23）给出。如果限制斜率由公式（4.24）（Toro，2009）定义，该 MUSCL 格式是总变差减小，其中 Cr_e 是单元 e 内的库朗数。当库朗数的信息不可知时，在文献中报告的几种可选择的斜率限制器同样满足总变差减小的条件（Li，2006）。这些限制器包括 Godunov 方法、minmod 斜率限制器和单调化中心（MC）斜率限制器，分别由公式（4.25）～公式（4.27）描述。

$$a = \frac{\overline{U}_e - \overline{U}_{e-1}}{(\overline{x}_e - \overline{x}_{e-1})} \tag{4.21}$$

$$b = \frac{\overline{U}_{e+1} - \overline{U}_e}{(\overline{x}_{e+1} - \overline{x}_e)} \tag{4.22}$$

$$\frac{a+b}{2} = \frac{\overline{U}_{e+1} - \overline{U}_{e-1}}{(\overline{x}_{e+1} - \overline{x}_{e-1})} \tag{4.23}$$

$$\left.\begin{array}{c} \sigma_e = \dfrac{\text{sign}(a) + \text{sign}(b)}{2} \min(\beta_1 |a|, \beta_2 |b|) \\[2mm] \beta_1 = \dfrac{2}{1 + Cr_e} \\[2mm] \beta_2 = \dfrac{2}{1 - Cr_e} \end{array}\right\} \tag{4.24}$$

$$\sigma_e = 0 \tag{4.25}$$

$$\sigma_e = \frac{\text{sign}(a) + \text{sign}(b)}{2} \min(|a|, |b|) \tag{4.26}$$

$$\sigma_e = \frac{\text{sign}(a) + \text{sign}(b)}{2} \min\left(\frac{|a+b|}{2}, 2|a|, 2|b|\right) \tag{4.27}$$

具有总变差减小斜率限制器的伯格斯方程的数值结果如图 4.3 和图 4.4 所示。该模拟使用了单调化中心（MC）斜率限制器。在龙格-库塔方法的每个中间步骤之后应用斜率限制程序（斜率限制程序也可以在龙格-库塔时间积分后应用）。图 4.3 和图 4.4 表明用斜率限制器消除了振荡。一阶欧拉前向方法和总变差减小龙格-库塔方法的结果与此模拟中使用的库朗数为 0.1 的例子的结果类似。

进一步的研究表明，对于激波问题，使用一阶欧拉前向方法需要 $Cr \leqslant 1.03$ 才能获得稳定的结果。对于总变差减小龙格-库塔方法，$Cr \leqslant 1.02$ 和 $Cr \leqslant 0.7$ 分别是在每个中间步骤之后或者在整个时间步之后应用斜率限制器的必需条件。对于稀疏波问题，使用一阶欧拉前向方法，稳定性条件要求 $Cr \leqslant 1.21$，而总变差减小龙格-库塔方法要

求 $Cr \leqslant 1.16$ 和 $Cr \leqslant 0.48$ 对应于在每个中间时间步后或者在整个时间步之后应用斜率限制器。总变差减小斜率限制器允许 CFL 数大于 1。

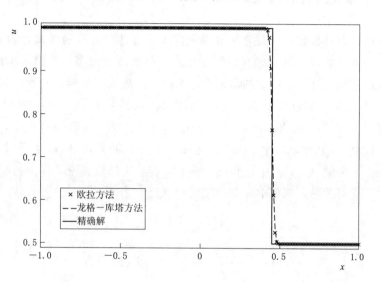

图 4.3 使用斜率限制器的激波数值解

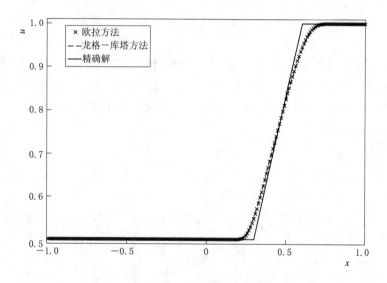

图 4.4 使用斜率限制器的稀疏波数值解

数值试验表明，当库朗数相对较大时（但满足稳定性要求），在龙格-库塔方法的每个中间步骤之后应用斜率限制器比在整个时间步后应用斜率限制器可得到更好的结果。建议在总变差减小龙格-库塔方法的每个中间步骤之后应用斜率限制器，以尽量减少大库朗数的影响。一阶欧拉前向方法提供类似二阶总变差减小龙格-库塔方法的结果，它节省了模拟时间。另外，使用一阶欧拉前向方法的结果因为斜率限制器只应用一次而导致数值耗散较小，具有两步的二阶总变差减小龙格-库塔方法的斜率限制器必须在每个中间步骤后应用。

4.3　矩形渠道的浅水流方程

明渠流的控制方程包括质量守恒和动量守恒，这两个方程通常被称为圣维南方程。假设有一个矩形横断面，具有缓和的河床坡度，静水压力分布，无侧向水流入或流出，横断面上的速度均匀分布，恒定的水密度，纵向长度远大于横断面长度，和连续的可微的因变量，那么这个矩形横断面渠道一维浅水流的质量和动量守恒方程分别由公式（4.28）和公式（4.29）给出。在这些方程式中，h 是水深，q 是单宽流量，g 是重力加速度。河床坡度 S_0 和摩阻斜率 S_f 分别由公式（4.30）和公式（4.31）给出，其中 z_b 是河床底高程。在公式（4.31）中，假设由曼宁方程给出的稳态流条件下的摩阻斜率在非稳态流条件下是有效的，方程中 n 是曼宁糙率系数。

$$\frac{\partial h}{\partial t} + \frac{\partial q}{\partial x} = 0 \tag{4.28}$$

$$\frac{\partial q}{\partial t} + \frac{\partial (q^2/h + gh^2/2)}{\partial x} = gh(S_0 - S_f) \tag{4.29}$$

$$S_0 = -\frac{\partial z_b}{\partial x} \tag{4.30}$$

$$S_f = \frac{n^2 q \,|\, q \,|}{h^{10/3}} \tag{4.31}$$

圣维南方程可以写成公式（4.32）所示的守恒形式，其中 U 是守恒变量的向量，F 是通量向量，S 是源向量。这些变量在公式（4.33）中定义。圣维南方程的雅可比矩阵由公式（4.34）给出。雅可比矩阵的特征值和独立特征向量分别由公式（4.35）和公式（4.36）给出。

$$\frac{\partial \boldsymbol{U}}{\partial t} + \frac{\partial \boldsymbol{F}}{\partial x} = \boldsymbol{S} \tag{4.32}$$

$$\left.\begin{aligned}
\boldsymbol{U} &= \begin{bmatrix} h \\ q \end{bmatrix} \\
\boldsymbol{F} &= \begin{bmatrix} q \\ \dfrac{gh^2}{2} + \dfrac{q^2}{h} \end{bmatrix} \\
\boldsymbol{S} &= \begin{bmatrix} 0 \\ gh(S_0 - S_f) \end{bmatrix}
\end{aligned}\right\} \tag{4.33}$$

$$\boldsymbol{A} = \frac{\partial \boldsymbol{F}}{\partial \boldsymbol{U}} = \begin{bmatrix} 0 & 1 \\ gh - \dfrac{q^2}{h^2} & \dfrac{2q}{h} \end{bmatrix} = \begin{bmatrix} 0 & 1 \\ c^2 - u^2 & 2u \end{bmatrix} \tag{4.34}$$

$$\left.\begin{aligned}
\lambda_1 &= \frac{q}{h} - \sqrt{gh} = u - c \\
\lambda_2 &= \frac{q}{h} + \sqrt{gh} = u + c
\end{aligned}\right\} \tag{4.35}$$

$$\left.\begin{aligned}\boldsymbol{K}_1 &= [1, u-c]^{\mathrm{T}} \\ \boldsymbol{K}_2 &= [1, u+c]^{\mathrm{T}}\end{aligned}\right\} \tag{4.36}$$

上述特征值对于亚临界流和超临界流都是实数而且是不同的值（$h \neq 0$）。因此，控制方程（4.32）构成了双曲型系统。对于双曲型方程，即使具有平滑的初始条件和边界条件，在计算域内也可能出现间断的数值解。因此，浅水流方程的数值模型应该能够捕获这些不连续性，而不连续有限元方法正是这类问题的一个适当选择。

4.4 浅水流方程的不连续 Galerkin 方法

不连续 Galerkin 方法用于守恒定律的计算过程包括将计算区域划分为一组单元集合，推导出每个单元的不连续 Galerkin 方法公式，按需要实现边界条件，计算数值通量，进行时间积分得到结果方程式，最后应用总变差减小斜率限制器。本节介绍了不连续 Galerkin 方法用于一维矩形渠道中浅水流方程的步骤，还讨论了边界条件的实施、数值通量的求解和总变差减小斜率限制器的应用。

4.4.1 矩形渠道中的浅水流方程

一维计算区域（$x = [0, L]$）被分成 Ne 个单元；令 $0 = x_1 < x_2 < \cdots < x_{Ne+1} = L$ 是区域的分区。如果 $I_e = [x_s^e, x_e^e]$，$1 \leqslant e \leqslant Ne$，则该不连续的 m 阶分段多项式有限元空间由公式（4.37）给出。在单元内部，未知数由公式（4.38）的拉格朗日插值函数近似给出。每个单元的不连续 Galerkin 方法方程由公式（4.39）给出。当使用显式时间积分格式时，浅水流方程可以逐一求解，公式（4.39）可以写为公式（4.40）给出的每个分量。

$$V^m = \{v: v \mid I_e \in P^m(I_e), 1 \leqslant e \leqslant Ne\} \tag{4.37}$$

$$\left.\begin{aligned}\boldsymbol{U} \approx \hat{\boldsymbol{U}} &= \sum \boldsymbol{N}_j(\boldsymbol{x})\boldsymbol{U}_j(\boldsymbol{x}, t) \\ \boldsymbol{F}(\boldsymbol{U}) \approx \hat{\boldsymbol{F}}(\boldsymbol{U}) &= \boldsymbol{F}(\hat{\boldsymbol{U}}) \\ \boldsymbol{S}(\boldsymbol{U}) \approx \hat{\boldsymbol{S}}(\boldsymbol{U}) &= \boldsymbol{S}(\hat{\boldsymbol{U}})\end{aligned}\right\} \tag{4.38}$$

$$\int_{x_s^e}^{x_e^e} \boldsymbol{N}_i \boldsymbol{N}_j \, \mathrm{d}x \, \frac{\partial \boldsymbol{U}_j}{\partial t} + \boldsymbol{N}_i \tilde{\boldsymbol{F}} \Big|_{x_s^e}^{x_e^e} - \int_{x_s^e}^{x_e^e} \frac{\partial \boldsymbol{N}_i}{\partial x} \hat{\boldsymbol{F}} \, \mathrm{d}x = \int_{x_s^e}^{x_e^e} \boldsymbol{N}_i \hat{\boldsymbol{S}} \, \mathrm{d}x \tag{4.39}$$

$$\int_{x_s^e}^{x_e^e} N_i N_j \, \mathrm{d}x \, \frac{\partial U_j}{\partial t} + N_i \tilde{F} \Big|_{x_s^e}^{x_e^e} - \int_{x_s^e}^{x_e^e} \frac{\partial N_i}{\partial x} \hat{F} \, \mathrm{d}x = \int_{x_s^e}^{x_e^e} N_i \hat{S} \, \mathrm{d}x \tag{4.40}$$

在公式（4.40）中，U、F 和 S 分别是向量 $\boldsymbol{U}$、$\boldsymbol{F}$ 和 $\boldsymbol{S}$ 的分量。例如，U 可以是 h 或 q，用公式（4.33）可以获得 F 和 S。浅水方程组的每个方程都可写成不连续 Galerkin 形式，如公式（4.41）和公式（4.42）所示，其中为了简化，通量项是基于公式（4.43）的近似。使用线性单元，将全局坐标转换到局部坐标系，由公式（4.41）和公式（4.42）可得到公式（4.44）和公式（4.45）。下一个步骤是求解单元边界处的数值通量 $\tilde{F}$。

$$\int_{x_s^e}^{x_e^e} N_i N_j \, \mathrm{d}x \, \frac{\partial h_j}{\partial t} + N_i \widetilde{f}_1 \Big|_{x_s^e}^{x_e^e} - \int_{x_s^e}^{x_e^e} \frac{\partial N_i}{\partial x} \hat{f}_1 \, \mathrm{d}x = 0 \tag{4.41}$$

$$\int_{x_s^e}^{x_e^e} N_i N_j \, \mathrm{d}x \, \frac{\partial q_j}{\partial t} + N_i \widetilde{f}_2 \Big|_{x_s^e}^{x_e^e} - \int_{x_s^e}^{x_e^e} \frac{\partial N_i}{\partial x} \hat{f}_2 \, \mathrm{d}x = \int_{x_s^e}^{x_e^e} N_i g\hat{h} \left(\hat{S}_o - \hat{S}_f \right) \mathrm{d}x \tag{4.42}$$

$$\boldsymbol{F} = \begin{bmatrix} f_1 \\ f_2 \end{bmatrix} = \begin{bmatrix} q \\ gh^2/2 + q^2/h \end{bmatrix} \tag{4.43}$$

$$\Delta x \begin{bmatrix} 2/6 & 1/6 \\ 1/6 & 2/6 \end{bmatrix} \frac{\partial}{\partial t} \begin{bmatrix} h_1 \\ h_2 \end{bmatrix} + \begin{bmatrix} -\widetilde{f}_1 \big|_{-1} \\ \widetilde{f}_1 \big|_{1} \end{bmatrix} - \begin{bmatrix} -0.5 & -0.5 \\ 0.5 & 0.5 \end{bmatrix} \begin{bmatrix} q_1 \\ q_2 \end{bmatrix} = 0 \tag{4.44}$$

$$\Delta x \begin{bmatrix} 2/6 & 1/6 \\ 1/6 & 2/6 \end{bmatrix} \frac{\partial}{\partial t} \begin{bmatrix} q_1 \\ q_2 \end{bmatrix} + \begin{bmatrix} -\widetilde{f}_2 \big|_{-1} \\ \widetilde{f}_2 \big|_{1} \end{bmatrix} - \int_{-1}^{1} \frac{\partial N_i(\xi)}{\partial \xi} \hat{f}_2 \, \mathrm{d}\xi = \frac{\Delta x}{2} \int_{-1}^{1} N_i(\xi) g\hat{h} \left(\hat{S}_o - \hat{S}_f \right) \mathrm{d}\xi \tag{4.45}$$

4.4.2 数值通量

HLL 通量函数由公式 (4.46) 给出。对于一维浅水流方程，直接计算单元边界处的波速 (S_L 和 S_R) 的方法如公式 (4.47) 所示。Fraccarollo 和 Toro (1995) 建议用公式 (4.48) 计算波速，其中的变量定义由公式 (4.49) 和公式 (4.50) 给出。

$$\boldsymbol{F}^{\mathrm{HLL}} = \begin{cases} \boldsymbol{F}^-, & S_L \geqslant 0 \\[2mm] \dfrac{S_R \boldsymbol{F}^- - S_L \boldsymbol{F}^+ + S_L S_R (\boldsymbol{U}^+ - \boldsymbol{U}^-)}{S_R - S_L}, & S_L < 0 < S_R \\[2mm] \boldsymbol{F}^+, & S_R \leqslant 0 \end{cases} \tag{4.46}$$

$$\left. \begin{aligned} S_L &= \min(u^- - \sqrt{gh^-}, u^+ - \sqrt{gh^+}) \\ S_R &= \max(u^- + \sqrt{gh^-}, u^+ + \sqrt{gh^+}) \end{aligned} \right\} \tag{4.47}$$

$$\left. \begin{aligned} S_L &= \min(u^- - \sqrt{gh^-}, u^* - c^*) \\ S_R &= \max(u^+ + \sqrt{gh^+}, u^* + c^*) \end{aligned} \right\} \tag{4.48}$$

$$u^* = \frac{1}{2}(u^- + u^+) + \sqrt{gh^-} - \sqrt{gh^+} \tag{4.49}$$

$$c^* = \frac{1}{2}\left(\sqrt{gh^-} + \sqrt{gh^+}\right) + \frac{1}{4}(u^- - u^+) \tag{4.50}$$

如果波速由公式 (4.51) 定义，则得到的数值通量由公式 (4.52) 给出，该通量被称为 LF (Lax-Friedrichs) 通量。用于一维浅水流的矩形渠道的 Roe 通量由公式 (4.53) 给出。公式中使用的变量由公式 (4.54)~公式 (4.58) 给出。

$$\left. \begin{aligned} S_L &= -S_{\max} \\ S_R &= S_{\max} \\ S_{\max} &= \max(|u^-| + \sqrt{gh^-}, |u^+| + \sqrt{gh^+}) \end{aligned} \right\} \tag{4.51}$$

$$\boldsymbol{F}^{\mathrm{LF}} = \frac{1}{2}(\boldsymbol{F}^- + \boldsymbol{F}^+) - S_{\max}(\boldsymbol{U}^+ - \boldsymbol{U}^-) \tag{4.52}$$

$$\boldsymbol{F}^{\text{Roe}} = \frac{1}{2}(\boldsymbol{F}^- + \boldsymbol{F}^+) - \frac{1}{2}\sum_{i=1}^{2}\widetilde{\alpha}_i \,|\,\widetilde{\lambda}_i\,|\,\widetilde{\boldsymbol{K}}_i \tag{4.53}$$

$$\left.\begin{aligned}\widetilde{\alpha}_1 &= \frac{1}{2}\left(\Delta h - \frac{\widetilde{h}\,\Delta u}{\widetilde{c}}\right)\\[2ex]\widetilde{\alpha}_2 &= \frac{1}{2}\left(\Delta h + \frac{\widetilde{h}\,\Delta u}{\widetilde{c}}\right)\end{aligned}\right\} \tag{4.54}$$

$$\left.\begin{aligned}\widetilde{\lambda}_1 &= \widetilde{u} - \widetilde{c}\\\widetilde{\lambda}_2 &= \widetilde{u} + \widetilde{c}\end{aligned}\right\} \tag{4.55}$$

$$\left.\begin{aligned}\widetilde{\boldsymbol{K}}_1 &= [1,\ \widetilde{u} - \widetilde{c}]^T\\\widetilde{\boldsymbol{K}}_2 &= [1,\ \widetilde{u} + \widetilde{c}]^T\end{aligned}\right\} \tag{4.56}$$

$$\left.\begin{aligned}\Delta h &= h^+ - h^-\\\Delta u &= u^+ - u^-\end{aligned}\right\} \tag{4.57}$$

$$\left.\begin{aligned}\widetilde{h} &= \sqrt{h^-\,h^+}\\[1ex]\widetilde{u} &= \frac{\sqrt{h^-}\,u^- + \sqrt{h^+}\,u^+}{\sqrt{h^-} + \sqrt{h^+}}\\[1ex]\widetilde{c} &= \sqrt{\frac{g(h^- + h^+)}{2}}\end{aligned}\right\} \tag{4.58}$$

4.4.3 干河床处理

对于水深 $h > 0$，浅水流方程是严格双曲型方程。由于具有近似黎曼求解器的数值通量是基于双曲型方程，因此需要对干河床（$h = 0$）进行处理。干河床的数值通量要求精确计算，水深也应该是物理上正确的，即 $h > 0$。

对于节点右侧的干河床（$h_{\text{L}} > 0$ 且 $h_{\text{R}} = 0$），HLL 黎曼求解器的波速由公式（4.59）给出（Toro，1990）。对于节点左侧的干河床（$h_{\text{L}} = 0$ 且 $h_{\text{R}} > 0$），波速由公式（4.60）给出。对于 Roe 的求解器，节点右侧或左侧的干河床的波速分别由公式（4.61）和公式（4.62）给出。对于上述公式，$h_{\text{L}} = h^-$，$h_{\text{R}} = h^+$。

$$\left.\begin{aligned}S_{\text{L}} &= u_{\text{L}} - \sqrt{gh_{\text{L}}}\\S_{\text{R}} &= u_{\text{L}} + 2\sqrt{gh_{\text{L}}}\end{aligned}\right\} \tag{4.59}$$

$$\left.\begin{aligned}S_{\text{L}} &= u_{\text{R}} - 2\sqrt{gh_{\text{R}}}\\S_{\text{R}} &= u_{\text{R}} + \sqrt{gh_{\text{R}}}\end{aligned}\right\} \tag{4.60}$$

$$\left.\begin{aligned}\widetilde{\lambda}_1 &= u_{\text{L}} - \sqrt{gh_{\text{L}}}\\\widetilde{\lambda}_2 &= u_{\text{L}} + 2\sqrt{gh_{\text{L}}}\end{aligned}\right\} \tag{4.61}$$

$$\left.\begin{aligned}\widetilde{\lambda}_1 &= u_{\text{R}} - 2\sqrt{gh_{\text{R}}}\\\widetilde{\lambda}_2 &= u_{\text{R}} + \sqrt{gh_{\text{R}}}\end{aligned}\right\} \tag{4.62}$$

　　为了处理干河床问题，可以使用很小的水深 ε（例如 $\varepsilon = 10^{-16}\,\mathrm{m}$）检查干湿边界（Sanders，2001），干节点的水深设置为零。如果单元一侧的水深数值大于 ε，另一侧小于或等于 ε，就可以根据干河床位置计算穿过该单元界面的通量。如果两侧的水深都小于或等于 ε，则数值通量设置为零。如果计算的水深小于或等于 ε，那么该节点的水流速度设定为零；如果计算水深小于零，那么设置该节点的深度和速度都为零。

　　在第二种方法中，可以在干节点处定义足够小的深度 h_{dry}（例如，$h_{\mathrm{dry}} = 10^{-16}\,\mathrm{m}$）和零速度（Ying 等，2003，2004）。如果一侧的水深大于 h_{dry}，而且单元边界另一边小于或等于 h_{dry}，则数值通量根据干河床位置计算。如果单元边界两侧的水深都小于或等于 h_{dry}，设定用 HLL 通量或 Roe 通量计算的数值通量为零。每一步之后，检查每个节点的水深，如果节点的水深小于 h_{dry}，那么水深设置为 $h = h_{\mathrm{dry}}$，速度设置为零。

　　对于水平河床，这两种方法得出的结果是相同的。对于具有河床变化的渠道，甚至是预定的足够小深度 h_{dry} 也可能会产生非物质流，所以，建议用第一种方法解决干河床问题。然而，在第一种方法中，由于干节点处的深度为零，因此要特别注意除以水深 h 的项，例如 q^2/h 和摩阻力项。

4.4.4　初始条件和边界条件

　　初始条件和边界条件对水流方程的解至关重要。计算开始时的流量条件被称为初始条件，计算区域边界处的水流条件称为边界条件。本节将讨论初始条件和边界条件的要求和实现方法。关于黎曼不变量和特征值的更多讨论和进阶的主题可以在相关文献中找到（Stoker，1957；Cunge 等，1980）。

　　在一维流域的亚临界流和超临界流边界处水流的特征方向分别如图 4.5 和图 4.6 所示。初始条件可以视为边界条件的特殊情况。对于域内的任何点，水深 h 和流速 q 的解都需要流量信息的特征值 $\psi_1 \psi_2$。特征方向在数学上用特征值表示（$\psi_{1,2} = \lambda_{1,2} = u \pm c$）。在流域的边界处可能缺少特征值的信息，因此求解控制方程需要边界条件，所需边界条件的数目取决于进入给定边界的特征数量；如果需要两个条件，边界条件应独立于控制方程和黎曼不变量，并且边界条件应该是相互独立的（Cunge 等，1980）。

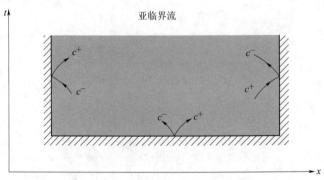

图 4.5　亚临界流的边界特征值

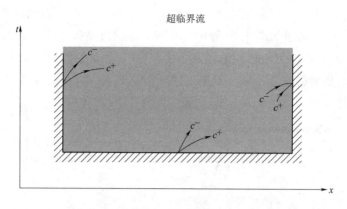

图 4.6　超临界流的边界特征值

遵循上述规则，对于一维浅水流方程的解，需要两个初始条件，如水深 h 和流量 q，或者水深 h 和流速 u。亚临界流、临界流和超临界流所需的入流和出流边界条件数目列于表 4.1 中。对于入流边界，亚临界流需要一个条件，超临界流需要两个条件。在出流边界处，亚临界流需要一个边界条件，而超临界流则不需要。对于临界流，入流边界需要一个边界条件，并且第二个是由弗劳德数关系决定的。

表 4.1　　　　　　　　　　　　一维浅水流方程所需的边界条件数目

水流状态	边界条件数目		
	入流边界	出流边界	初始条件
亚临界流	1	1	2
超临界流	2	0	2
临界流	1	0	2

4.5　数值试验

在本节中，介绍了浅水流方程的不连续 Galerkin 方法数值解。数值试验包括理想溃坝、水跃、单驼峰浅水流以及在不规则河床上的水流。数值解将与理想情况的解析解进行比较，或者和实验室数据（如果存在）进行比较。

4.5.1　矩形渠道的理想溃坝

本试验采用不连续 Galerkin 方法的数值格式模拟了矩形水平河床渠道的理想溃坝水流。这些理想溃坝问题的精确解可以在文献（Henderson，1966）中找到。采用的渠道长 1000m，在中间 500m 处有一个大坝。坝上游的水深为 10m，下游的水深对湿河床和干河床的水深分别为 2m 和 0m。假设大坝瞬间被移除，然后模拟该水流。对于干、湿河床两种情况，计算域都被离散化为 400 个单元。对于湿河床和干河床情况，溃坝后 20s 的水位和流量如图 4.7～图 4.10 所示。数值结果表明，HLL 通量、LF 通量和 Roe 通量具有相似的性能，因此仅列出了 HLL 通量的结果。对于湿河床溃坝试验，模拟结果与精确解非常一致。对于干河床溃坝情况，除了在洪水波前外，结果与精确解非常一致。

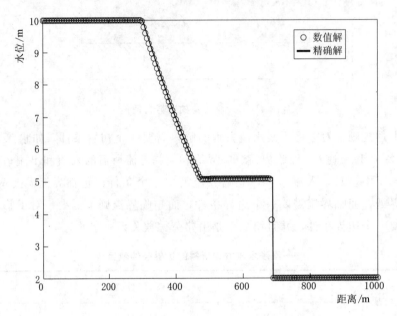

图 4.7　湿河床溃坝试验的水位数值解与精确解对比

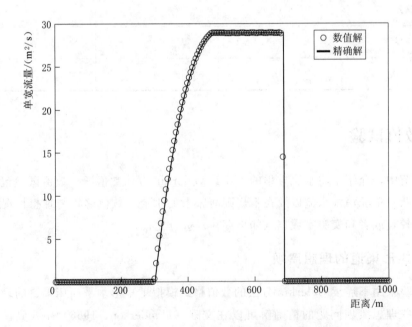

图 4.8　湿河床溃坝试验的流量数值解与精确解对比

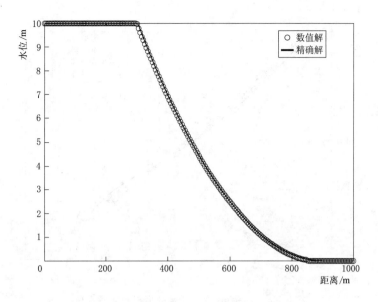

图 4.9　干河床溃坝试验的水位数值解与精确解对比

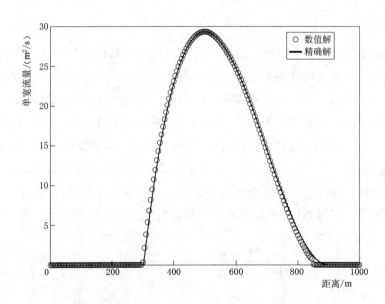

图 4.10　干河床溃坝试验的流量数值解与精确解对比

4.5.2　存在河床摩阻力的矩形水槽溃坝

在该试验中，数值格式用于模拟矩形水平水槽中的溃坝水流，该试验可以获得实测水位（Schoklitsch，1917）。水槽宽 0.096m，高 0.08m，长 20m，水坝位于水槽 10m 处。水槽由光滑的木材制成，曼宁糙率系数为 $0.009s/m^{1/3}$。大坝上游水面高程为 0.074m，下游为干河床。假设大坝瞬间被移除，模拟其后的溃坝水流。大坝移除后 3.75s 和 9.40s 的模拟和实测水位如图 4.11 所示。模拟的水面剖面与实测数据非常吻合，表明该方法能够模拟在初始干河床上存在摩阻力的溃坝水流。

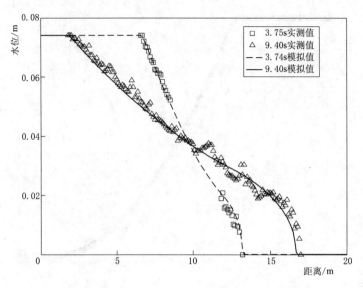

图 4.11　在 3.75s 和 9.40s 的模拟和实测水位

4.5.3　水跃

在该试验中进行了水跃的数值模拟。将水面剖面的数值模拟结果与 Gharangik 和 Chaudhry（1991）收集的实测数据进行了比较。水槽是一个长 14m、宽 0.46m 的矩形渠道，带有水平河床。曼宁糙率系数取 $0.008 \text{s}/\text{m}^{1/3}$。初始水深为 0.031m，流量为零。在上游入流边界，设定水深 0.031m、流量 $0.118 \text{m}^2/\text{s}$。在下游边界，水深在 50s 内从 0.031m 增加到 0.265m，并且之后保持恒定在 0.265m。该域使用 100 个单元进行离散化，并且在此模拟中使用库朗数为 0.1。水面和流量的稳态解分别如图 4.12 和图 4.13 所示。该数值格式能够捕获激波并保持守恒性质。使用 LF 通量，函数的结果在跳跃位置处具有振荡；使用 HLL 通量和 Roe 通量，数值格式的结果为无振荡。

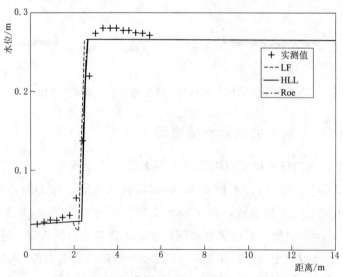

图 4.12　水跃试验水位的不同格式数值解

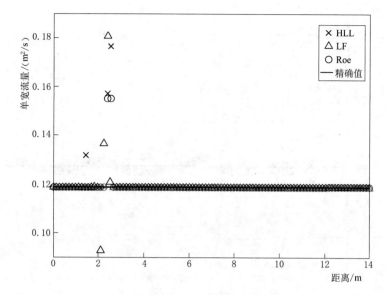

图 4.13　水跃试验的质量守恒

4.5.4　单驼峰浅水流

这里模拟了具有不同流动状态的水流经过一个单驼峰的数值试验。理想光滑矩形渠道宽 1m，长 25m，河床高度在公式（4.63）中定义（Goutal 和 Maurel，1997）。对于驼峰上的亚临界流，初始水面为 0.5m，静水初始条件。上游边界的流量是 $0.18m^2/s$，流出水深设定为 0.5m。因此，整个渠道都存在亚临界流状况。

$$z_b = \begin{cases} 0.2 - 0.05\,(x-10)^2, & 8 \leqslant x \leqslant 12 \\ 0, & \text{其他} \end{cases} \tag{4.63}$$

使用水深和流量的斜率限制器的亚临界流数值结果如图 4.14 和图 4.15 所示，而

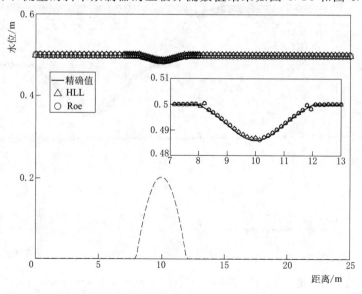

图 4.14　使用水深斜率限制器的流过单驼峰的亚临界流的水位的比较

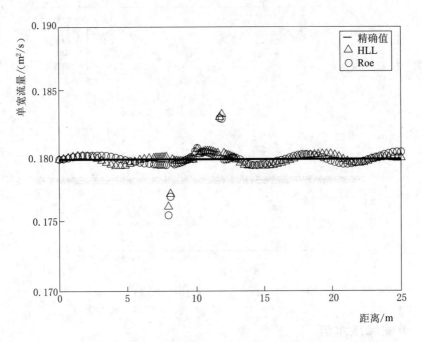

图 4.15　使用水深斜率限制器的流过单驼峰的亚临界流的流量的比较

图 4.16 和图 4.17 显示了应用于水位和流量的斜率限制器的数值结果。利用基于水深的斜率限制器，在流量中观察到了振荡，而使用水面高程斜率限制器能保持流量守恒。基于水面高程斜率限制器计算出的水深和流量与精确解非常一致。在这种情况下，HLL 通量和 Roe 通量提供了类似的结果。

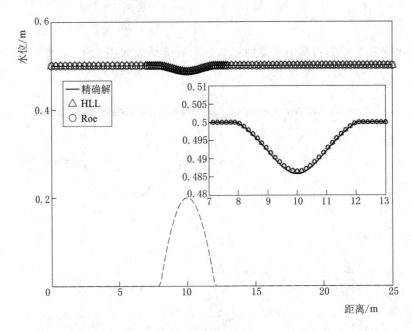

图 4.16　使用水位斜率限制器的流过单驼峰的亚临界流的水位的比较

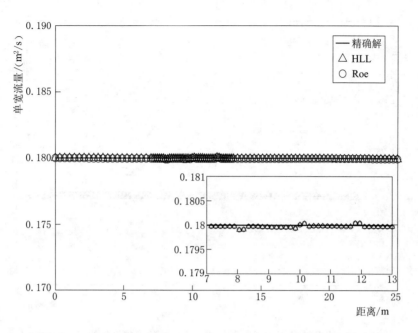

图 4.17 使用水位斜率限制器的流过单驼峰的亚临界流的流量的比较

对于单驼峰上的超临界流，初始水面为 2.0m，静水条件。在入流边界，规定流量为 $25.0567\mathrm{m^2/s}$，水深为 2.0m，从而在整个渠道产生超临界流量。使用水位斜率限制器的超临界流数值结果如图 4.18 和图 4.19 所示。模拟结果与精确解吻合较好。和前面的例子一样，HLL 通量和 Roe 通量表现相似。

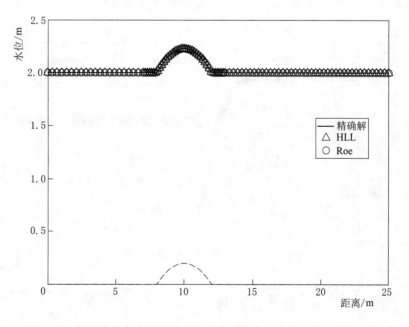

图 4.18 使用水位斜率限制器的流过单驼峰的超临界流的水位的比较

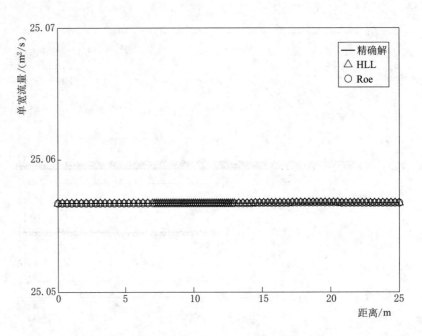

图 4.19　使用水位斜率限制器的流过单驼峰的超临界流的流量的比较

　　使用静水水面为 0.33m 初始值来模拟单驼峰上的跨临界流。上游边界的流量为 0.18m²/s，设定出流边界的水深为 0.33m。水流从亚临界流变为超临界流然后通过水跃回到亚临界流。采用水面高程斜率限制器的数值结果如图 4.20 和图 4.21 所示。结果精确预测了水跃的位置，并且除了在跳跃之处外很好地保持了流量守恒，在跳跃处 Roe 通量表现优于 HLL 通量。总的来说，数值结果令人满意。

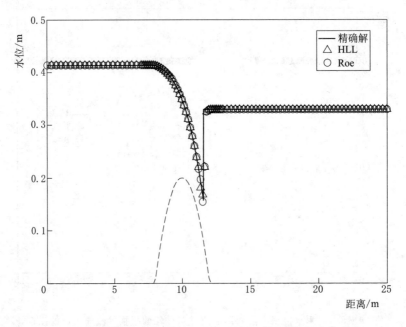

图 4.20　使用水位斜率限制器的流过单驼峰的跨临界流的水位

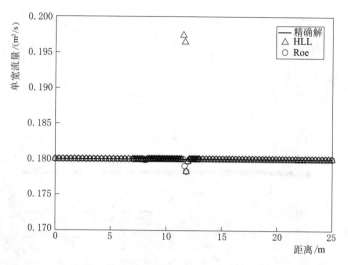

图 4.21　使用水位斜率限制器的流过单驼峰的跨临界流的流量

4.5.5　不规则河床浅水流

在这个试验中，模拟了跨临界流在一个不规则的、无摩阻渠道中的情形。河床高程见表 4.2（Goutal 和 Maurel，1997）。初始条件包括水面高程 16m，以及速度为零。水流断面流量设定为 $50\mathrm{m}^2/\mathrm{s}$，下游端的水面高程维持在 16m。计算域内的水流从亚临界流变为超临界流并通过水跃回到亚临界流，数值结果如图 4.22 和图 4.23 所示。与 Roe 通量相比，HLL 通量更好地保持了跳跃处的流量恒定。

表 4.2　　　　　　　　　　　河床高程随距离变化

x/m	0	50	100	150	200	250	300	350	400	425	435	450	470	475	500
z_b/m	0	0	2.5	5	5	3	5	5	7.5	8	9	9	9	9.1	9
x/m	505	530	550	565	575	600	650	700	750	800	820	900	950	1000	1500
z_b/m	9	6	5.5	5.5	5	4	3	3	2.3	2	1.2	0.4	0	0	0

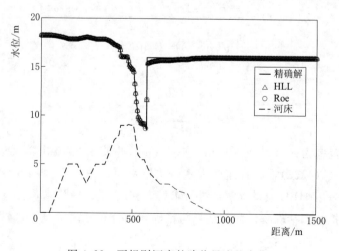

图 4.22　不规则河床的跨临界流的水位

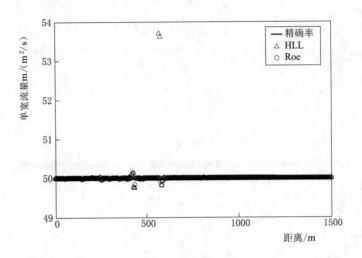

图 4.23 不规则河床的跨临界流的流量

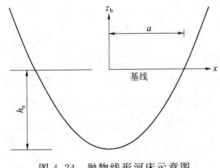

图 4.24 抛物线形河床示意图

4.5.6 抛物线形河床上的干湿交替流

Thacker（1981）提出了理想光滑抛物线形河床上干湿交替流的解析解。这些解析解可用于含有干湿界面的数值试验。公式（4.64）给出了具有单位宽度的矩形渠道的抛物线形的河床轮廓，其中常数 h_0 和 a 如图 4.24 所示。

$$z_b(x) = h_0\left(\frac{x^2}{a^2} - 1\right) \tag{4.64}$$

在水深非零地方的水位和流速的解析解分别由公式（4.65）和公式（4.66）给出，其中 B 是常数，ω 由公式（4.67）得出。任何时候干湿边界的位置由公式（4.68）给出。在这个例子中，$h_0 = 10\text{m}$，$a = 600\text{m}$，$B = 5\text{m/s}$，这些常数产生的振荡周期为 $T = 269\text{s}$。

$$Z(x, t) = \frac{-B^2\cos(2\omega t) - B^2 - 4B\omega\cos(\omega t)x}{4g} \tag{4.65}$$

$$u(x, t) = B\sin(\omega t) \tag{4.66}$$

$$\omega = \frac{2\pi}{T} = \frac{\sqrt{2gh_0}}{a} \tag{4.67}$$

$$x = -\frac{a^2\omega B}{2gh_0}\cos(\omega t) \pm a \tag{4.68}$$

计算区域范围为 $x = [-1000\text{m}, 1000\text{m}]$，并使用 2000 个单元进行离散化。初始条件来自公式（4.65），而且速度为零，初始水面如图 4.25 所示。公式（4.69）所示的波速算式采用 HLL 通量求解器进行求解。在图 4.26～图 4.33 比较了不同时间水位和流量的模拟解和精确解。数值结果与精确解吻合较好。

$$\left.\begin{array}{l} S_L = \min(u^- - \sqrt{gh^-}, u^+ - \sqrt{gh^+}) \\ S_R = \max(u^- + \sqrt{gh^-}, u^+ + \sqrt{gh^+}) \end{array}\right\} \tag{4.69}$$

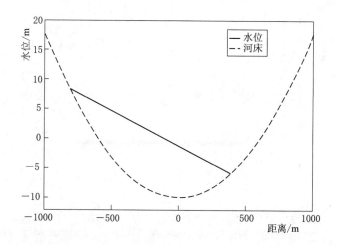

图 4.25 $t=0$ 时抛物线形河床中的初始水位

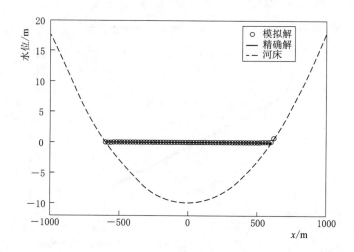

图 4.26 在 $t = T/4$ 时抛物线形河床中的水位的模拟解和精确解

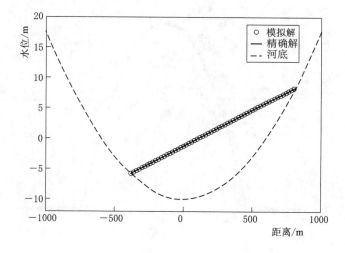

图 4.27 在 $t = 2T/4$ 型河床中的水位的模拟解和精确解

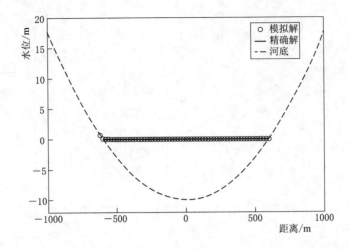

图 4.28 在 $t = 3T/4$ 时抛物线形河床中的水位的模拟解和精确解

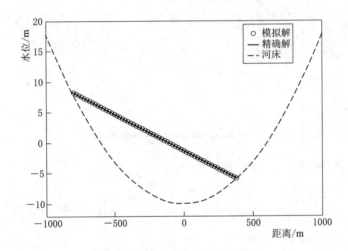

图 4.29 在 $t = T$ 时抛物线形河床中的水位的模拟解和精确解

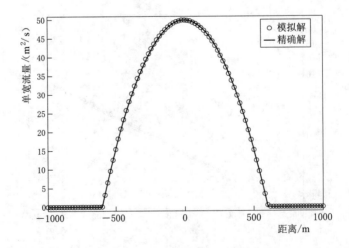

图 4.30 在 $t = T/4$ 时抛物线形河床中的流量的模拟解和精确解

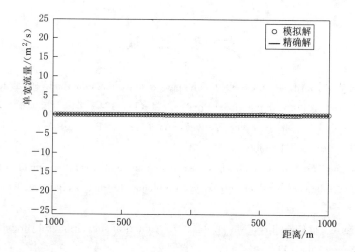

图 4.31 在 $t = 2T/4$ 时抛物线形河床中的流量的模拟解和精确解

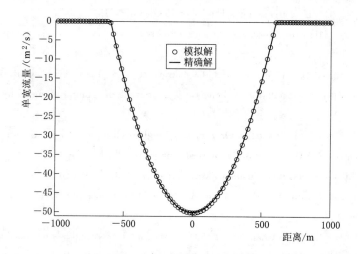

图 4.32 在 $t = 3T/4$ 时抛物线形河床中的流量的模拟解和精确解

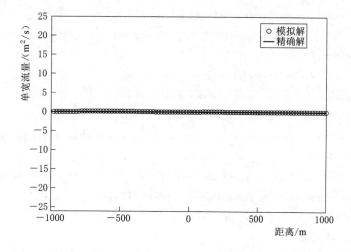

图 4.33 在 $t = T$ 时抛物线形河床中的流量的模拟解和精确解

参 考 文 献

Colella, P., and Woodward, P. R. (1984). The piecewise parabolic method (PPM) for gas – dynamical simulations. Journal of Computational Physics, 54 (1), 174 – 201.

Cunge, J. A., Holly, F. M. Jr., and Verwey, A. (1980). Practical Aspects of Computational River Hydraulics. Pitman, London.

Fraccarollo, L., and Toro, E. F. (1995). Experimental and numerical assessment of the shallow water model for two – dimensional dam – break type problems. Journal of Hydraulic Research, 33 (6), 843 – 864.

Gharangik, A. M., and Chaudhry, M. H. (1991). Numerical simulation of hydraulic jump. Journal of Hydraulic Engineering, 117 (9), 1195 – 1211.

Goutal, N., and Maurel, F. (1997). Proceedings of the 2nd workshop on dam – break wave simulation. HE – 43/97/016/B, Direction des Études et Recherches, EDF.

Harten, A. (1983). High resolution schemes for hyperbolic conservation laws. Journal of Computational Physics, 49 (3), 357 – 393.

Harten, A., Engquist, B., Osher, S., and Chakravarthy, S. R. (1987). Uniformly high order accurate essentially non – oscillatory schemes, III. Journal of Computational Physics, 71 (2), 231 – 303.

Harten, A., and Lax, P. D. (1984). On a class of high resolution total – variation – stable finite – difference schemes. SIAM Journal on Numerical Analysis, 21 (1), 1 – 23.

Henderson, F. M. (1966). Open Channel Flow. McGraw – Hill, New York.

Li, B. Q. (2006). Discontinuous Finite Elements in Fluid Dynamics and Heat Transfer. Springer – Verlag, London.

Liu, X. D., Osher, S., and Chan, T. (1994). Weighted essentially non – oscillatory schemes. Journal of Computational Physics, 115 (1), 200 – 212.

Sanders, B. F. (2001). High – resolution and non – oscillatory solution of the St. Venant equations in non – rectangular and non – prismatic channels. Journal of Hydraulic Research, 39 (3), 321 – 330.

Schoklitsch, A. (1917). Ueber dammbruchwellen. Sitzungsberichte der Kaiserlichen Akademie Wissenschaften, Viennal, 126, 1489 – 1514.

Stoker, J. J. (1957). Water Waves. Interscience, New York.

Sweby, P. K. (1984). High resolution schemes using flux limiters for hyperbolic conservation laws. SIAM Journal on Numerical Analysis, 21 (5), 995 – 1011.

Thacker, W. C. (1981). Some exact solutions to the nonlinear shallow – water wave equations. Journal of Fluid Mechanics, 107, 499 – 508.

Toro, E. F. (1990). The dry – bed problem in shallow – water flows. College of Aeronautics, Report No. 9007, Cranfield Institute of Technology, Cranfield, U. K.

Toro, E. F. (2009). Riemann Solvers and Numerical Methods for Fluid Dynamics, 3rd ed. Springer – Verlag, Berlin, Heidelberg.

van Leer, B. (1979). Towards the ultimate conservative difference scheme, V: A second – order sequel to Godunov's method. Journal of Computational Physics，32 (1)，101 - 136.

Ying，X.，Khan，A. A.，and Wang，S. S. Y. (2003). An upwind method for one - dimensional dam break flows. Proceedings of XXX IAHR Congress，Thessaloniki，Greece，August 24 - 29.

Ying，X.，Khan，A. A.，and Wang，S. S. Y. (2004). Upwind conservative scheme for the Saint Venant equations. Journal of Hydraulic Engineering，130 (10)，977 - 987.

第5章

非矩形河道的一维浅水流模拟

本章介绍了应用不连续 Galerkin 方法（DG）模拟非矩形、非棱柱形河道的一维浅水流。首先讨论自然河道中的浅水流的控制方程，然后应用不连续 Galerkin 方法来解这些方程。

5.1　圣维南方程的一般形式

非矩形河道浅水流的一维模型基于类似于前面描述的矩形河道的假设，只是横断面为任意形状。非矩形、非棱柱形河道的一维浅水流的控制方程被称为圣维南方程组，包括质量守恒和动量守恒（Cunge 等，1980）。质量守恒和动量守恒的方程分别由公式（5.1）和公式（5.2）给出。静水压力（I_1）、壁压力（I_2）、河床坡度（S_0）和摩阻斜率（S_f）由公式（5.3）和公式（5.4）定义。

$$\frac{\partial A}{\partial t} + \frac{\partial Q}{\partial x} = 0 \tag{5.1}$$

$$\frac{\partial Q}{\partial t} + \frac{\partial (Q^2/A + gI_1)}{\partial x} = gI_2 + gA(S_0 - S_f) \tag{5.2}$$

$$\left. \begin{aligned} I_1 &= \int_0^{h(x,t)} (h-y)b(x,y)\mathrm{d}y \\ I_2 &= \int_0^{h(x,t)} (h-y)\frac{\partial b(x,y)}{\partial x}\mathrm{d}y \end{aligned} \right\} \tag{5.3}$$

$$\left. \begin{aligned} S_0 &= -\frac{\partial z_b}{\partial x} \\ S_f &= \frac{n^2 Q|Q|}{R^{4/3}A^2} \end{aligned} \right\} \tag{5.4}$$

自然河道横断面如图 5.1 所示。图中及公式中，Q 是流量，A 是横断面面积，h 是水深，z_b 是距基准面的河床高度，Z 是水位（$Z = z_b + h$），n 是曼宁糙率系数，g 是重力加速度，b 是任何深度的河道宽度，R 是水力半径，T 是水面河道宽度。

控制方程式也可以用守恒形式 ［公式 (5.5)］给出，其中 **U** 是守恒变量的向量，**F(U)** 是通量向量，**S(U)** 是所定义的源项的向量，这些向量通过公式 (5.6) 定义。方程的雅可比矩阵由公式 (5.7) 给出。Garcia-Navarro 和 Vazquez-Cendon (2000) 研究表明，在雅可比矩阵中，静水压力项可以用公式 (5.8) 近似表达。波速度 c 也在同一公式中定义。雅可比矩阵的特征值和相应特征向量由公式 (5.9) 和公式 (5.10) 分别给出。

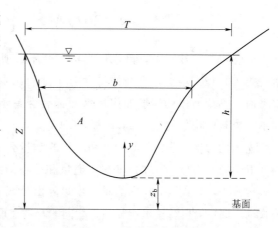

图 5.1 自然河道横断面

$$\frac{\partial \boldsymbol{U}}{\partial t} + \frac{\partial \boldsymbol{F}(\boldsymbol{U})}{\partial x} = \boldsymbol{S}(\boldsymbol{U}) \tag{5.5}$$

$$\left.\begin{array}{l} \boldsymbol{U} = \begin{bmatrix} A \\ Q \end{bmatrix} \\[10pt] \boldsymbol{F} = \begin{bmatrix} Q \\ Q^2/A + gI_1 \end{bmatrix} \\[10pt] \boldsymbol{S} = \begin{bmatrix} 0 \\ gI_2 + gA(S_0 - S_f) \end{bmatrix} \end{array}\right\} \tag{5.6}$$

$$\boldsymbol{J} = \frac{\partial \boldsymbol{F}}{\partial \boldsymbol{U}} = \begin{bmatrix} 0 & 1 \\ g\dfrac{A}{T} - \left(\dfrac{Q}{A}\right)^2 & \dfrac{2Q}{A} \end{bmatrix} = \begin{bmatrix} 0 & 1 \\ c^2 - u^2 & 2u \end{bmatrix} \tag{5.7}$$

$$\left.\begin{array}{l} \dfrac{\partial I_1}{\partial A} = \dfrac{A}{T} \\[10pt] c = \sqrt{g\dfrac{A}{T}} \end{array}\right\} \tag{5.8}$$

$$\left.\begin{array}{l} \lambda_1 = u - c \\ \lambda_2 = u + c \end{array}\right\} \tag{5.9}$$

$$\left.\begin{array}{l} \boldsymbol{K}_1 = [1, u - c]^{\mathrm{T}} \\ \boldsymbol{K}_2 = [1, u + c]^{\mathrm{T}} \end{array}\right\} \tag{5.10}$$

在前一章中讨论了矩形断面河道中的水流，是天然河流横断面的一个特例，对于矩形河道 $b(x, y) \equiv T$。由于在非矩形和非棱柱形河道计算一般静水压力项和壁压力项存在困难，这两项可以使用莱布尼茨法则［公式 (5.11)］进行简化。由此产生的动量方程由公式 (5.12) 给出。

$$\frac{\partial I_1}{\partial x} - I_2 = A\frac{\partial h}{\partial x} \tag{5.11}$$

$$\frac{\partial Q}{\partial t} + \frac{\partial (Q^2/A)}{\partial x} = -gA\frac{\partial Z}{\partial x} - gAS_{\mathrm{f}} \tag{5.12}$$

在公式（5.12）中，静水压力项和壁压力项结合为一项。若使用简化的动量方程，由公式（5.12）给出，平衡的特性对于湿河床自动保持。也就是说，当最初静水面为水平面，不论河床的地形如何，水面都要保持不动。因此，这种表达避免了底坡项处理不当导致的虚假流动（Ying 等，2004）。

连续性方程［公式（5.1）］和简化的动量公式（5.12）也可以用公式（5.13）给出的守恒向量形式写出。守恒变量、通量和源项的向量在公式（5.14）中定义。按照前述的分析方法，公式（5.13）的雅可比矩阵由公式（5.15）给出，雅可比矩阵的特征值由公式（5.16）给出。这里特征值是相同的，这违反了公式（5.5）给出的初始圣维南方程的双曲型性质。流动属性应该由公式（5.9）中给出的特征值控制。由于这个原因，在求解数值通量时，特征值和特征向量应该分别使用公式（5.9）和公式（5.10）。

$$\frac{\partial \boldsymbol{U}}{\partial t} + \frac{\partial \boldsymbol{F}(\boldsymbol{U})}{\partial x} = \boldsymbol{S}(\boldsymbol{U}) \tag{5.13}$$

$$\left.\begin{aligned}
\boldsymbol{U} &= \begin{bmatrix} A \\ Q \end{bmatrix} \\
\boldsymbol{F} &= \begin{bmatrix} Q \\ Q^2/A \end{bmatrix} \\
\boldsymbol{S} &= \begin{bmatrix} 0 \\ -gA\dfrac{\partial Z}{\partial x} - gAS_{\mathrm{f}} \end{bmatrix}
\end{aligned}\right\} \tag{5.14}$$

$$\boldsymbol{J} = \frac{\partial \boldsymbol{F}}{\partial \boldsymbol{U}} = \begin{bmatrix} 0 & 1 \\ -\left(\dfrac{Q}{A}\right)^2 & \dfrac{2Q}{A} \end{bmatrix} = \begin{bmatrix} 0 & 1 \\ -u^2 & 2u \end{bmatrix} \tag{5.15}$$

$$\lambda_1 = \lambda_2 = u \tag{5.16}$$

5.2　求解圣维南方程的不连续 Galerkin 方法

本节介绍了求解圣维南方程的不连续 Galerkin 方法。一维域（$x = [0, L]$）被分为 Ne 个单元，使得 $0 = x_1 < x_2 < L < x_{Ne+1} = \cdots$。一个典型的单元由 $I_e = [x_s^e, x_e^e]$，$1 \leqslant e \leqslant Ne$ 给出。在单元内部，未知量是由公式（5.17）给出的拉格朗日插值函数近似。将控制方程乘以权重函数或测试函数，并且对得到的方程式在一个单元上进行积分。对通量项使用分部积分，最终得到公式（5.18），并且可以用紧凑的形式重写为公式（5.19）。

$$\left.\begin{aligned}
\boldsymbol{U} &\approx \hat{\boldsymbol{U}} = \sum \boldsymbol{N}_j(\boldsymbol{x})\boldsymbol{U}_j(\boldsymbol{x}, t) \\
\boldsymbol{F}(\boldsymbol{U}) &\approx \hat{\boldsymbol{F}} = \boldsymbol{F}(\hat{\boldsymbol{U}}) \\
\boldsymbol{S}(\boldsymbol{U}) &\approx \hat{\boldsymbol{S}} = \boldsymbol{S}(\hat{\boldsymbol{U}})
\end{aligned}\right\} \tag{5.17}$$

$$\int_{x_\xi^s}^{x_\xi^e} \boldsymbol{N}_i \boldsymbol{N}_j \, \mathrm{d}x \, \frac{\partial \boldsymbol{U}_j}{\partial t} + \boldsymbol{N}_i \widetilde{\boldsymbol{F}} \mid_{x_\xi^s}^{x_\xi^e} - \int_{x_\xi^s}^{x_\xi^e} \frac{\partial \boldsymbol{N}_i}{\partial x} \hat{\boldsymbol{F}} \mathrm{d}x = \int_{x_\xi^s}^{x_\xi^e} \boldsymbol{N}_i \hat{\boldsymbol{S}} \mathrm{d}x \tag{5.18}$$

$$\boldsymbol{M} \frac{\partial \boldsymbol{U}}{\partial t} = \boldsymbol{R} \quad \text{或} \quad \frac{\partial \boldsymbol{U}}{\partial t} = \boldsymbol{M}^{-1} \boldsymbol{R} = \boldsymbol{L} \tag{5.19}$$

守恒变量 $\boldsymbol{U}$ 的解可以用适当的时间积分方法获得，如总变差减小（TVD）龙格-库塔方法。不连续 Galerkin 方法需要总变差减小斜率限制器来防止高阶格式的非物理振荡。对于数值通量，可以使用如 HLL（Harten‐Lax‐Van Leer）或 Roe 方法给出的近似黎曼求解器。在圣维南方程中，守恒变量矢量和通量矢量分别由 $\boldsymbol{U} = [A, Q]^\mathrm{T}$ 和 $\boldsymbol{F} = [Q, Q^2/A]^\mathrm{T}$ 给出。HLL 通量由公式（5.20）给出。左边和右边波速（S_L 和 S_R）由公式（5.21）给出，该式由 Fraccarollo 和 Toro（1995）提出，其中 u^* 和 c^* 分别由公式（5.22）和公式（5.23）给出定义。

$$\boldsymbol{F}^{\mathrm{HLL}} = \begin{cases} \boldsymbol{F}_\mathrm{L}, & S_\mathrm{L} \geqslant 0 \\ \dfrac{S_\mathrm{R}\boldsymbol{F}_\mathrm{L} - S_\mathrm{L}\boldsymbol{F}_\mathrm{R} + S_\mathrm{L}S_\mathrm{R}(\boldsymbol{U}_\mathrm{R} - \boldsymbol{U}_\mathrm{L})}{S_\mathrm{R} - S_\mathrm{L}}, & S_\mathrm{L} < 0 < S_\mathrm{R} \\ \boldsymbol{F}_\mathrm{R}, & S_\mathrm{R} \leqslant 0 \end{cases} \tag{5.20}$$

$$\left. \begin{aligned} S_\mathrm{L} &= \min(u^- - \sqrt{g\,(A/T)^-}, \quad u^* - c^*) \\ S_\mathrm{R} &= \max(u^+ + \sqrt{g\,(A/T)^+}, \quad u^* + c^*) \end{aligned} \right\} \tag{5.21}$$

$$u^* = \frac{1}{2}(u^- + u^+) + \sqrt{g\,(A/T)^-} - \sqrt{g\,(A/T)^+} \tag{5.22}$$

$$c^* = \frac{1}{2}\left(\sqrt{g\,(A/T)^-} + \sqrt{g\,(A/T)^+}\right) + \frac{1}{4}(u^- - u^+) \tag{5.23}$$

按照 Garcia‐Navarro 和 Vazquez‐Cendon（2000）的方法，非矩形河道的圣维南方程的 Roe 通量由公式（5.24）给出，其中公式中定义的变量由公式（5.25）～公式（5.29）给出。如前所述，浅水流由圣维南方程的特征值决定，即公式（5.5）和公式（5.6），它们表示水流的物理特性。建模方程的选择不应该影响这些特征值。因此，公式（5.21）和公式（5.26）中的波速应近似于公式（5.9）给出的特征值。

$$\boldsymbol{F}^{\mathrm{Roe}} = \frac{1}{2}(\boldsymbol{F}^- + \boldsymbol{F}^+) - \frac{1}{2}\sum_{i=1}^{2} \widetilde{\alpha}_i |\widetilde{\lambda}_i| \widetilde{\boldsymbol{K}}_i \tag{5.24}$$

$$\left. \begin{aligned} \widetilde{\alpha}_1 &= \frac{(\widetilde{c} + \widetilde{u})\Delta A - \Delta Q}{2\widetilde{c}} \\ \widetilde{\alpha}_2 &= \frac{(\widetilde{c} - \widetilde{u})\Delta A + \Delta Q}{2\widetilde{c}} \end{aligned} \right\} \tag{5.25}$$

$$\left. \begin{aligned} \widetilde{\lambda}_1 &= \widetilde{u} - \widetilde{c} \\ \widetilde{\lambda}_2 &= \widetilde{u} + \widetilde{c} \end{aligned} \right\} \tag{5.26}$$

$$\left.\begin{array}{l} \tilde{\boldsymbol{K}}_1 = [1, \tilde{u} - \tilde{c}]^{\mathrm{T}} \\ \tilde{\boldsymbol{K}}_2 = [1, \tilde{u} + \tilde{c}]^{\mathrm{T}} \end{array}\right\} \tag{5.27}$$

$$\left.\begin{array}{l} \Delta A = A^+ - A^- \\ \Delta Q = Q^+ - Q^- \end{array}\right\} \tag{5.28}$$

$$\left.\begin{array}{l} \tilde{u} = \dfrac{Q^+ \sqrt{A^-} + Q^- \sqrt{A^+}}{\sqrt{A^- A^+} \left(\sqrt{A^-} + \sqrt{A^+}\right)} \\[4mm] \tilde{c} = \sqrt{\dfrac{g}{2} \left[(A/T)^- + (A/T)^+ \right]} \end{array}\right\} \tag{5.29}$$

由于流体静水压力项和壁压力项在公式（5.12）中结合为一项，源项必须适当地离散。在文献中可以找到不同的源项处理方法［Garcia - Navarro 和 Vazquez - Cendon，2000；Perthame 和 Simeoni，2001；Ying 等，2004；Catella 等，2008］等。这里使用由 Lai 和 Khan（2012）建议的处理方法来离散组合的流体静压力项。对于线性单元，源项的水面梯度的离散化如公式（5.30）所示。

$$\left.\begin{array}{l} -g N_1 \hat{A} \dfrac{\partial \hat{Z}}{\partial x} = -g N_1 \dfrac{(A_{x_s}^- + A_{x_e}^-)}{2} \dfrac{(Z_{x_e}^- - Z_{x_s}^-)}{(x_e - x_s)} \\[6mm] -g N_2 \hat{A} \dfrac{\partial \hat{Z}}{\partial x} = -g N_2 \dfrac{(A_{x_s}^+ + A_{x_e}^+)}{2} \dfrac{(Z_{x_e}^+ - Z_{x_s}^+)}{(x_e - x_s)} \end{array}\right\} \tag{5.30}$$

5.3 数值试验

在本节中介绍了非矩形和非棱柱形河道的浅水流方程的不连续 Galerkin 方法数值解。数值试验包括理想溃坝，部分溃坝，渐缩/渐扩河道的溃坝，渐扩河道的水跃，以及在自然河流中的水流。将该数值解与精确解、实验室测量值和现场数据进行了比较。

5.3.1 不同横断面形状水平河道中的溃坝

不连续 Galerkin 方法用于模拟浅水流方程在无摩阻、水平的、具有不同横断面形状的河道的理想溃坝问题。试验的河道断面形状包括三角形（$b = 2y$）、抛物线形（$b = y$）、梯形（$b = 1 + 4y$）和矩形（$b = 1$）。河道长 100m，大坝位于 50m 处。不同横断面形状的数值试验使用相同的初始条件，即大坝上游静水水深 1m，下游水深 0.1m。大坝计算域用 200 个单元进行离散化，所有的四个试验都使用 0.02s 的时间步长。精确解和数值解在图 5.2 ～ 图 5.5 中进行了比较。精确解可以在文献（Henderson，1966）中找到。精确解与数值解的比较表明，不连续 Galerkin 方法能够模拟不同断面形状河道中的溃坝激波。

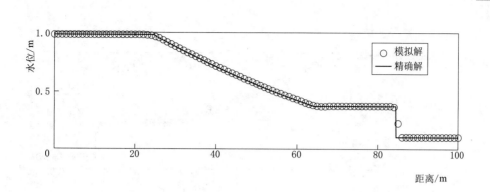

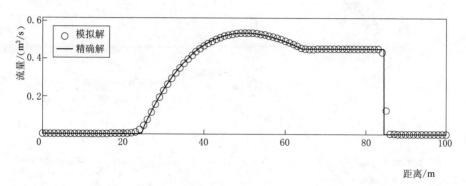

图 5.2 抛物线形河床中的理想溃坝水位和流量的精确解和模拟解比较

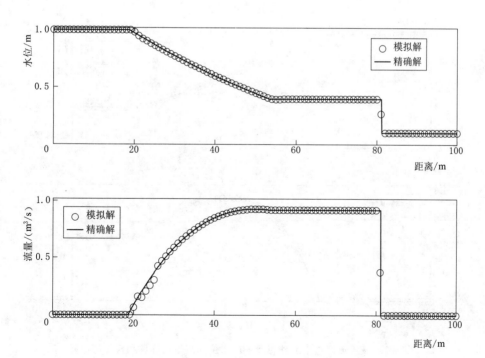

图 5.3 矩形河道中的理想溃坝水位和流量的精确解和模拟解比较

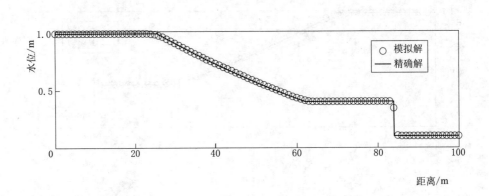

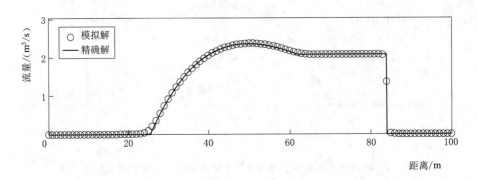

图 5.4　梯形河道中的理想溃坝的水位和流量精确解和模拟解比较

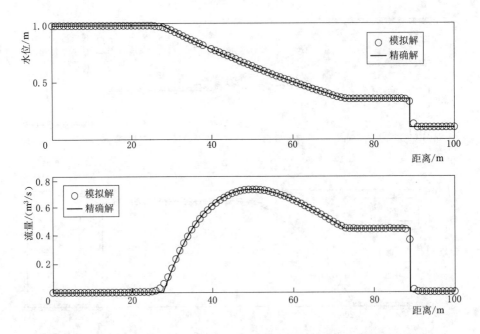

图 5.5　三角形河道中的理想溃坝的水位和流量精确解和模拟解比较

5.3.2 渐扩河道中的水跃

在该试验中，模拟了渐扩河道中的水跃。该数值结果与实测水位进行了比较（Khalifa，1980）。渐扩河道是具有矩形横断面，2.5m 长的水平通道。河道横断面宽度（m）由公式（5.31）给出。矩形河道的宽度在 1.3m 的长度上由 0.155m 线性变化至 0.46m。

$$b(x)=\begin{cases} 0.155, & 0\leqslant x\leqslant 0.65 \\ 0.155+0.236(x-0.65), & 0.65<x<1.94 \\ 0.46, & 1.94\leqslant x\leqslant 2.5 \end{cases} \quad (5.31)$$

整个河道的初始水深为 0.088m。该上游流量设定为 $0.0263\mathrm{m}^3/\mathrm{s}$，上游水深保持在 0.088m。这些条件确立了上游超临界流的条件。下游端的水深在 50s 内从 0.088m 增加到 0.195m，此后保持 0.195m 不变。曼宁糙率系数是未知的，所以用不同的糙率系数进行了模拟。图 5.6 中显示了曼宁糙率系数为 $0.009\mathrm{s}/\mathrm{m}^{1/3}$ 的水面和流量的稳定解。模拟结果精确预测了水跃的位置并保持流量守恒。

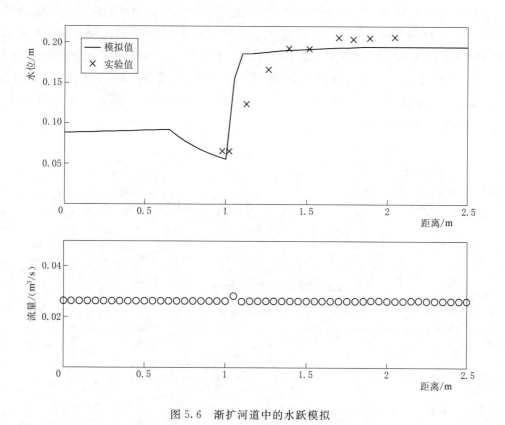

图 5.6　渐扩河道中的水跃模拟

5.3.3 水道试验站溃坝试验

美国陆军工程兵团（水道实验站）1960 年在水道进行了一系列水力试验来研究矩

形河道中大坝完全破坏和部分破坏导致的水流。来自这些试验的测量数据有助于比较数值模型模拟真实溃坝问题的精确性。试验水槽（图 5.7）长 121.92m（400ft），宽 1.2192m（4ft），河床坡降为 0.005。大坝位于水槽中间，高 0.3048m（1ft）。在上游段，水深至坝顶。该大坝下游的水槽河床是干的。相同的初始条件用于本次数值模拟。在模拟中使用曼宁糙率系数 $0.009s/m^{1/3}$。这个试验考虑大坝瞬间完全溃坝和宽度为 0.7315m（2.4ft）部分溃坝的情况。

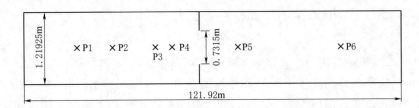

图 5.7　试验水槽示意图

将图 5.7 中所示位置点的模拟水深与有效测量数据进行比较。对于完全破坏的情况，P1（大坝上游 39.624m）和 P4（大坝上游 5.7912m）的模拟和实测水深如图 5.8 所示，位于 P5（大坝下游 7.62m）和 P6（大坝下游 45.72m）的水深如图 5.9 所示。对于破坏宽度为 0.7315m 的部分溃坝情况，P2（大坝上游 30.68m）和 P3（大坝上游 6.09m）的模拟和实测水深如图 5.10 所示，P5 和 P6 的水深如图 5.11 所示。对于这两个试验，均使用了 121 个单元，单元大小为 1m。在模拟中，使用 0.005s 的时间步长，模拟值与实测值吻合良好。

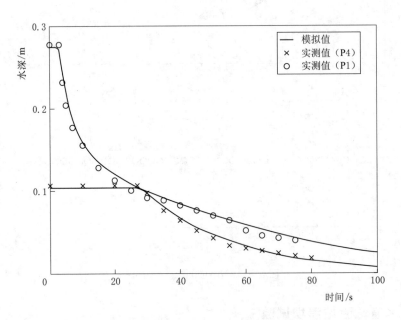

图 5.8　完全溃坝时 P1 和 P4 的模拟和实测水深

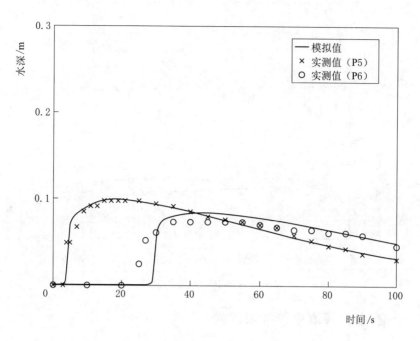

图 5.9　完全溃坝时 P5 和 P6 的模拟和实测水深

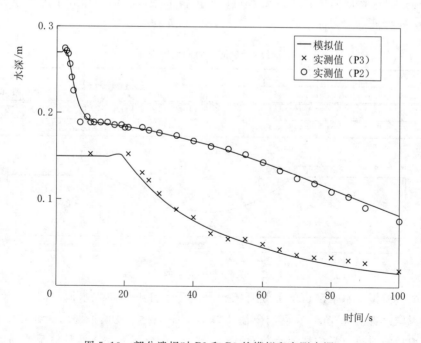

图 5.10　部分溃坝时 P2 和 P3 的模拟和实测水深

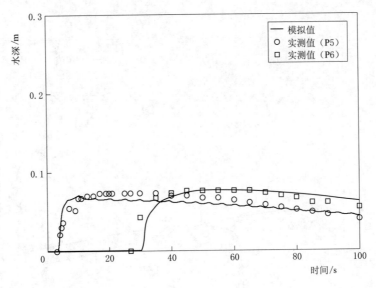

图 5.11 部分溃坝时 P5 和 P6 的模拟和实测水深

5.3.4 渐缩/渐扩河道中的溃坝试验

Bellos 等（1992）在渐缩/渐扩矩形河道中进行了一系列试验来研究瞬间溃坝后洪水二维运动，试验中使用河道的几何形状列于表 5.1 中，如图 5.12 所示；一个闸门被安装在河道最小宽度的位置（$x=8.5\text{m}$）来模拟大坝，在湿河床和干河床条件下使用不同河床坡降进行了各种试验。

表 5.1 渐缩/渐扩河道中的宽度变化

x/m	0.0	5.0	5.5	6.0	6.5	7.0	7.5	8.0	8.5	9.0	9.5	10.0	10.5
b/m	1.40	1.40	1.22	1.05	0.90	0.77	0.67	0.62	0.60	0.61	0.62	0.64	0.68
x/m	11.0	11.5	12.0	12.5	13.0	13.5	14.0	14.5	15.0	15.5	16.0	16.5	21.2
b/m	0.75	0.82	0.91	0.99	1.08	1.15	1.24	1.28	1.33	1.37	1.39	1.40	1.40

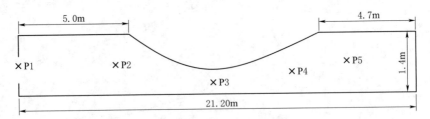

图 5.12 渐缩/渐扩河道的几何形状

本试验模拟了水平河道下游湿河床和干河床条件下的溃坝水流，两个试验的闸门上游水深均设置为 0.3m，在闸门下游水深 0.101m 处安装模拟湿河床溃坝试验装置；假设大坝瞬间溃决，曼宁糙率系数取 $0.012\text{s/m}^{1/3}$；单元大小在两种情况均使用 0.1m，时间步长分别为 0.003s（湿河床）和 0.0002s（干河床）。将数值解与测量点处的有效测量数据进行比较，测量点在图 5.12 中显示［P1($x=0\text{m}$)、P2($x=4.5\text{m}$)、P3($x=8.5\text{m}$)、P4($x=13.5\text{m}$) 和 P5($x=18.5\text{m}$)］。

对于初始干河床上的溃坝水流，测量点 P1 及 P5 的模拟和实测水深如图 5.13 所示，模拟值与测量数据吻合良好。因为假设溃坝是瞬间的，所以 P5 处的模拟水深高于实测值，而实际上大坝溃决需要一些时间。对于湿河床试验中的溃坝水流，一堰安装在河道的下游端。这里缺乏下游端堰的结构资料。下游边界条件对数值模拟至关重要，可能会极大地影响数值解的精度。对于湿河床试验，模拟中假设下游河道终端有一个矩形尖顶堰。堰的流量关系（Bazins 公式）由公式（5.32）给出，其中流量系数（C_d）取为 0.62，堰的长度等于河道宽度（$b=1.4\text{m}$）。

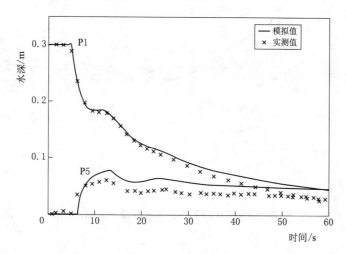

图 5.13　渐缩/渐扩河道干河床溃坝试验中 P1 和 P5 的模拟和实测水深

$$Q = \frac{2}{3} C_d b \, (2g)^{2/3} (Z - 0.101)^{1.5} \qquad (5.32)$$

图 5.14～图 5.18 显示了 5 个测量点的水深模拟值和实测数据。模拟水深与实测结果吻合较好，差异主要来自未知堰结构的影响。

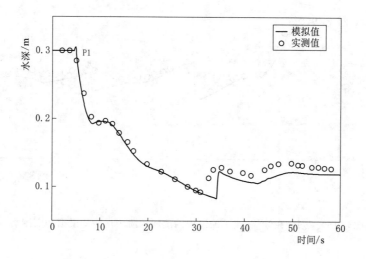

图 5.14　点 P1 在渐缩/渐扩河道中的湿河床溃坝试验的模拟和实测水深

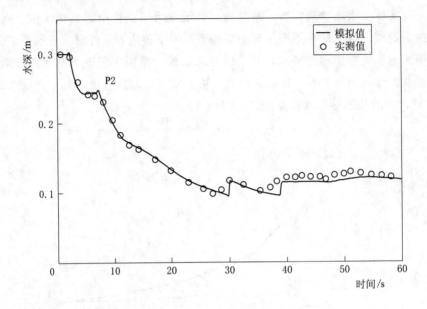

图 5.15　点 P2 在渐缩/渐扩河道中的湿河床溃坝试验的模拟和实测水深

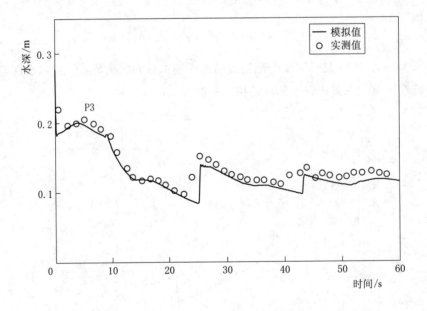

图 5.16　点 P3 在渐缩/渐扩河道中的湿河床溃坝试验的模拟和实测水位

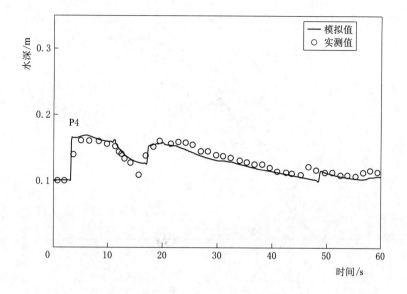

图 5.17 点 P4 在渐缩/渐扩河道中的湿河床溃坝试验的模拟和实测水深

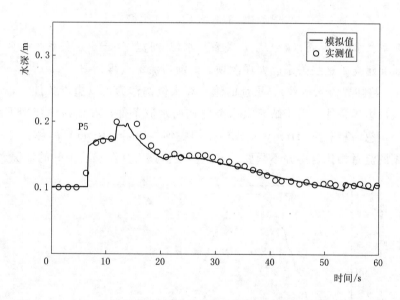

图 5.18 点 P5 在渐缩/渐扩河道中的湿河床溃坝试验的模拟和实测水深

5.3.5 提顿大坝溃坝

提顿大坝（Teton Dam）位于提顿河峡谷（美国爱达荷州）。提顿大坝于 1976 年 6 月 5 日发生溃坝，造成了下游大洪水。提顿大坝是一座 92.96m（305ft）高的土坝，坝顶长 914.4m（3000ft）。被淹没的区域和溃坝后测量的横断面如图 5.19 所示。测量的河流横断面、沿河轴线、曼宁糙率系数、水库蓄水量和下泄流量由美国地质调查局记录（Ray 和 Kjelstrom，1976）。

计算中使用的横断面是从有效数据中插值得到的。在计算过程中，水位-面积

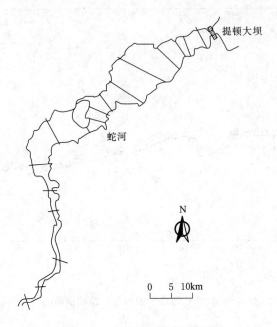

图 5.19　提顿河下游洪水面积

$(h-A)$ 关系、水位-湿周 $(h-P_w)$ 关系和水位-河宽 $(h-T)$ 关系是必要的，因此为每个横断面建立了这些关系。大坝溃坝后的溃口流量过程如图 5.20 所示。如果弗劳德数大于 1（超临界流入条件），坝址的流量和水位都作为入口边界条件，否则只使用流量作为入口边界条件。由于缺乏洪水前的初始水流条件，在模拟中使用下游干河床条件。此外，忽略亨利汊（Henry's Fork）和蛇河（Snake River）的侧向流入，因为他们与大坝的流量相比显得并不紧要。本试验模拟该大坝溃坝后 10h 的情况。

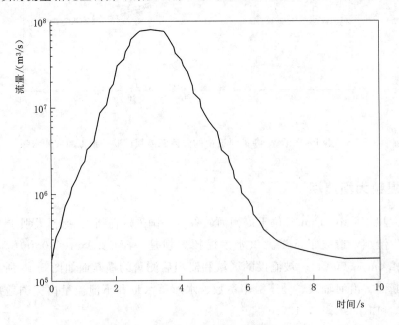

图 5.20　提顿大坝溃口流量过程

计算出溃坝后 8h 的沿着河流的水位和弗劳德数如图 5.21 和图 5.22 所示。结果显示沿河的合理变化。该模拟的 10h 洪水事件的最大水位与实测值的比较如图 5.23 所示。模拟结果与测量结果在河中部（35～45km）的区别主要是由于忽略蛇河从侧面汇入造成的。

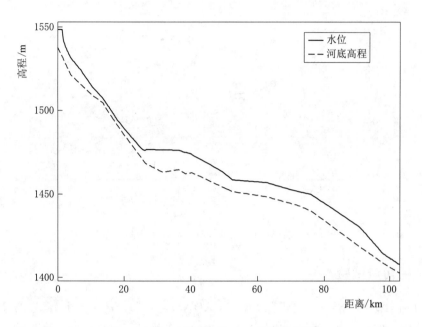

图 5.21　提顿大坝溃坝 8h 水位计算结果

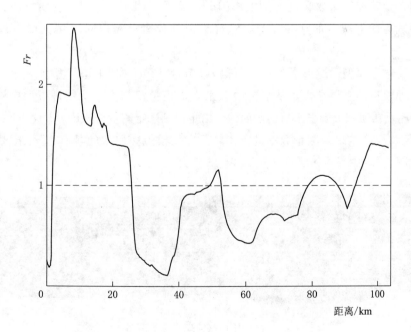

图 5.22　提顿大坝溃坝 8h 后沿河的弗劳德数

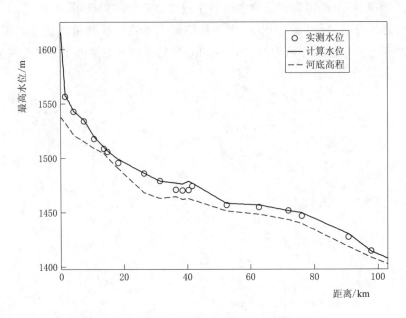

图 5.23　计算和实测的提顿大坝溃坝后最高水位

5.3.6　托切河试验

托切河（Toce River）物理模型（CADAM 项目）是意大利米兰的 ENEL - HYDRO 实验室开发的 1∶100 比例尺的托切河河谷模型。该模型的建模具体参数，如地形数据、曼宁糙率系数和进流量由法国电力公司（EDF）指定。该项目还提供了在物理模型试验期间进行的测量结果，这样数值建模者就可以对其仿真结果进行客观评价。

托切河物理模型的地形大致覆盖面积为 50m×12m，如图 5.24 所示。一个矩形水箱位于物理模型的上游端。水从水箱中放出来以模拟溃坝洪水。物理模型中安装了许多仪表来测量在河道上游来水后的水面线。沿主河轴选定测量点（P1，P5，P18，P21 和 P26）以便将模拟结果与测量数据进行比较。在该模拟中使用的具有 62 个横断面的计算网格在图 5.25 中显示。

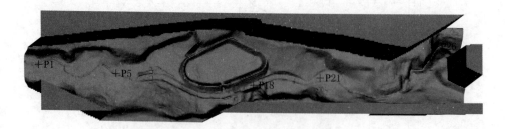

图 5.24　托切河物理模型平面图

从河道上游端的矩形水箱中放出水后即代表发生了溃坝洪水。矩形水箱的出流水

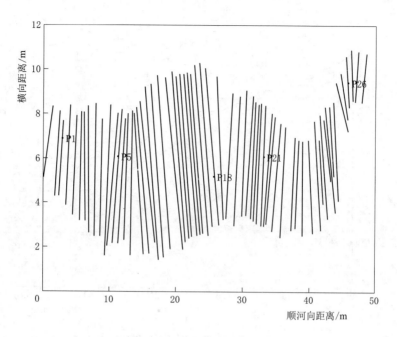

图 5.25　托切河的计算网格与横断面

量为临界流入流边界条件。图 5.26 为上游流量随时间变化图。最初是干河床，临界流的边界条件也应用于河段的出口，同物理模型试验一样。

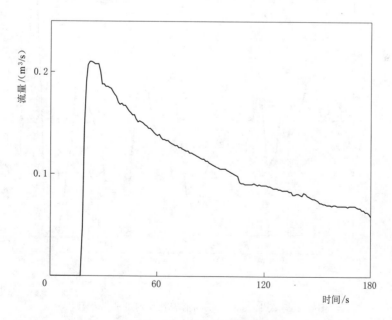

图 5.26　上游流量随时间变化图

采用物理模型研究中提出的曼宁糙率系数 $0.0162 s/m^{1/3}$，模拟时长是放水后的 180s。在 100s 时，计算出的沿轴线的水位和弗劳德数分别显示在图 5.27 和图 5.28 中。如图 5.28 所示，从计算出的弗劳德数变化可以识别出几个水跃。

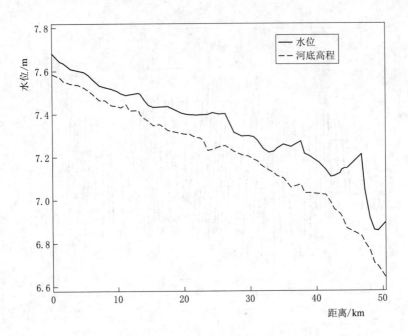

图 5.27　在 100s 时模拟的沿着托切河的水位

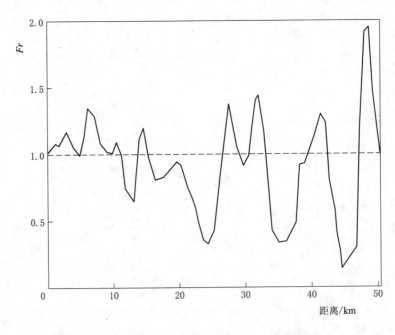

图 5.28　在 100s 时模拟的沿着托切河的弗劳德数

　　图 5.29 将洪水在溃坝过程中计算出的最大水位与测量数据进行比较。计算出来的在测量点的水位与实测值在图 5.30 中进行了比较，模拟结果与物理模型实测值吻合较好。

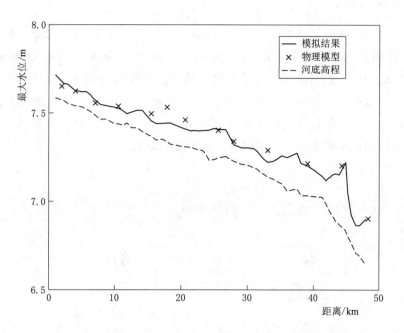

图 5.29 沿托切河的最大水位模拟结果与物理模型实测值对比

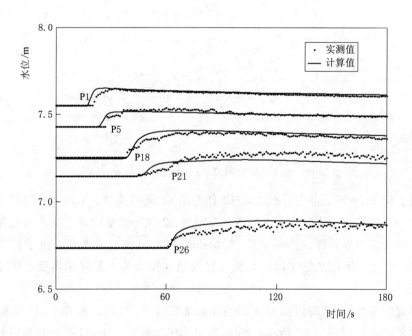

图 5.30 托切河试验的计算与实测水位对比

5.3.7　东汉河试验

本试验利用一维模型模拟了东汉河（East Fork River）的自然水流。东汉河位于美国怀俄明州的风河（Wind River）流域内，在大陆分界以西以及博纳维尔山（Mount Bonneville）的东南部。河段长约 3.3km，如图 5.31 所示。每个横断面显示的数字是上游河道中心线距河口（断面 0000）的距离，可获得 39 个横断面的地形测量结果、入流量、出流量以及河口的水位（Emmett 等，1980），这些数据用于本次模拟试验中。本次模拟不考虑沉积物运移和河床变化的影响。

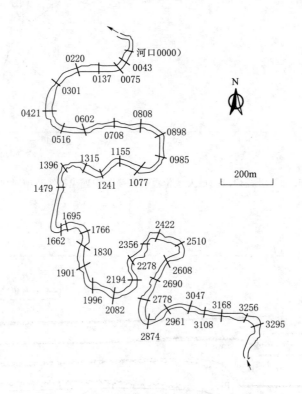

图 5.31　东汉河研究河段示意图（Emmett 等，1980）

模拟了从 1979 年 6 月 1 日到 6 月 12 日为期 12 天的流量。6 月 1 日的平均水位用作初始条件，全河初始流量为 6.0m³/s。在断面 3295 处测量的每小时入流量用作具有亚临界流的入流边界条件。断面 0000 处的水位作为出流边界条件。由于糙率系数未知，数值试验使用不同的曼宁糙率系数以找到最佳拟合值，最终采用曼宁糙率系数为 $0.028 \text{s/m}^{1/3}$。

在出流断面 0000 处的模拟和实测的流量如图 5.32 所示。断面 2505 和断面 3295 的计算和实测水位如图 5.33 所示。图 5.34 为 1979 年 6 月 12 日中午的计算和实测水位。总的来说，计算结果与实测结果能很好地吻合。在图 5.33 中，开始时的计算和实测水位的差异可能是由于初始条件不准确，最后 4 天的差异可能是由于峰值流量期间沉积物输移的影响。

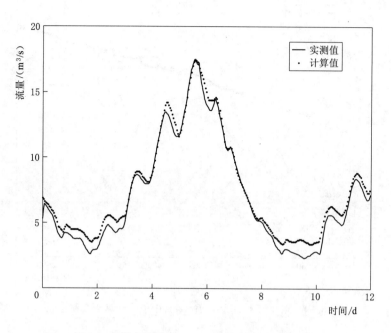

图 5.32 东汉河断面 0000 处的计算与实测流量

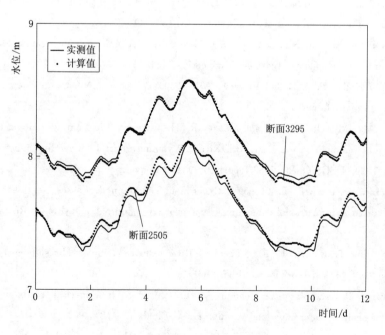

图 5.33 东汉河断面 3295 和断面 2505
的计算与实测水位

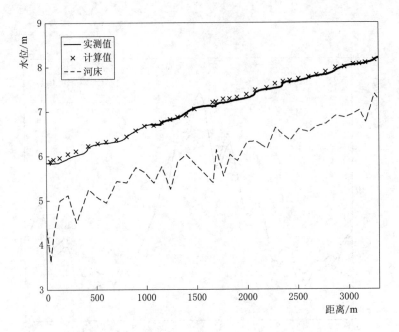

图 5.34　东汉河 1979 年 6 月 12 日中午的计算与实测水位

参 考 文 献

Bellos，C.，Soulis，V.，and Sakkas，J.（1992）. Experimental investigation of two - dimensional dam - break induced flows. Journal of Hydraulic Research，30（1），47 - 63.

Catella，M.，Paris，E.，and Solari，L.（2008）. Conservative scheme for numerical modeling of flow in natural geometry. Journal of Hydraulic Engineering，134（6），736 - 748.

Cunge，J. A.，Holly，F. M.，and Verwey，A.（1980）. Practical Aspects of Computational River Hydraulic. Pitman，London.

Emmett，W. M.，Myrick，R. M.，and Meade，R. H.（1980）. Field data describing the movement and storage of sediment in the East Fork River，Wyoming，Part I. River hydraulics and sediment transport，1979. USGS Open - File Report 80 - 1189，Denver.

Fraccarollo，L.，and Toro，E. F.（1995）. Experimental and numerical assessment of the shallow water model for two - dimensional dam - break type problems. Journal of Hydraulic Research，33（6），843 - 864.

Frazão，S. S.，and Testa，G.（1999）. The Toce River test case：Numerical results analysis. Proceedings of the 3rd CADAM Workshop，Milan，Italy.

Garcia - Navarro，P.，and Vazquez - Cendon，M. E.（2000）. On numerical treatment of the source terms in the shallow water equations. Computers & Fluids，29（8），951 - 979.

Henderson，F. M.（1966）. Open Channel Flow. McGraw - Hill，New York.

Khalifa，A. M.（1980）. Theoretical and experimental study of the radial hydraulic jump. Ph. D. thesis，University of Windsor，Windsor，Ontario，Canada.

Lai，W.，and Khan，A. A. （2012）. Discontinuous Galerkin method for 1D shallow water flow in non－rectangular and non－prismatic channels. Journal of Hydraulic Engineering，138（3），285－296.

Perthame，B.，and Simeoni，C.（2001）. A kinetic scheme for the Saint－Venant system with a source term. Calcolo，38（4），201－231.

Ray，H. A.，and Kjelstrom，L. C.（1976）. The flood in southeastern Idaho from the Teton dam failure of June 5，1976. U. S. Geological Survey，Open－File Report 77－765，Boise，Idaho，.

U. S. Army Corps of Engineers.（1960）. Floods resulting from suddenly breached dams：Conditions of minimum resistance. Miscellaneous paper No. 2－374，Report 1，Waterways Experiment Station，Vicksburg，Mississippi.

Ying，X.，Khan，A. A.，and Wang，S. S. Y.（2004）. Upwind conservative scheme for the SaintVenant equations. Journal of Hydraulic Engineering，130（10），977－987.

第6章

二 维 守 恒 定 律

本章介绍了不连续 Galerkin 方法用于二维守恒定律的标量方程和矢量系统方程组，讨论了通量项的处理，也介绍了不同斜率限制器的实现方法。本章详细说明了不连续 Galerkin 数值方法在纯对流问题和浅水流方程的应用。

6.1 二维纯对流

本节讨论二维纯对流问题的控制方程及其性质，提供了不连续 Galerkin 方法数值解的详细情况，进行了线性纯对流问题的数值试验，包括斜率限制器的应用和通量项的近似。

6.1.1 二维对流的控制方程

二维纯对流的控制方程可以用标量守恒形式来表示［公式（6.1）］。通量项由公式（6.2）给出。在这些公式中，u 和 v 分别是 x 和 y 方向的速度，C 是污染物在流体中的浓度。二维对流方程的特征值由公式（6.3）给出，其中 $\boldsymbol{n} = (n_x, n_y)$ 是单位法向量，u_n 被定义为法线 $\boldsymbol{n}$ 方向的速度。很明显，该控制方程是双曲型的。

$$\frac{\partial C}{\partial t} + \nabla \cdot \boldsymbol{F} = \frac{\partial C}{\partial t} + \frac{\partial uC}{\partial x} + \frac{\partial vC}{\partial y} = 0 \tag{6.1}$$

$$\boldsymbol{F} = (E, G) = (uC, vC) \tag{6.2}$$

$$\lambda = \frac{\partial \boldsymbol{F} \cdot \boldsymbol{n}}{\partial C} = un_x + vn_y = u_n \tag{6.3}$$

6.2 求解二维对流问题的不连续 Galerkin 方法

对于不连续单元，单元内部的未知量 C 由公式（6.4）给出的形状函数多项式来近似。控制方程乘以权重函数 $N_i(x, y)$ 并在单元上积分以获得加权余量方程，如公式（6.5）所示。使用高斯定理积分通量项，得到公式（6.6）。

$$C \approx \hat{C} = \sum N_i(x, y) C_i \Bigg\}$$

$$\dot{\boldsymbol{F}} \approx \hat{\boldsymbol{F}} = \boldsymbol{F}(\hat{C}) \Bigg\} \tag{6.4}$$

$$\int_{\Omega_e} N_i \frac{\partial C}{\partial t} d\Omega + \int_{\Omega_e} N_i \nabla \cdot \boldsymbol{F} d\Omega = 0 \tag{6.5}$$

$$\int_{\Omega_e} N_i N_j d\Omega \frac{\partial C_j}{\partial t} + \int_{\Gamma_e} N_i \cdot \widetilde{\boldsymbol{F}} d\Gamma - \int_{\Omega_e} (\nabla N_i) \cdot \hat{\boldsymbol{F}} d\Omega = 0 \tag{6.6}$$

可以用公式（6.7）给出的迎风格式来计算数值通量。边界处的波速使用公式（6.8）来近似。在这些公式中，$\boldsymbol{n}$ 是在单元边界处的向外单位法向量，u_{nL} 和 u_{nR} 是单元边界左侧和右侧的法向速度，C_L 和 C_R 是单元边界左右两侧的污染物浓度（速度和污染物浓度都是基于边界节点的平均值）。对于三角形 $\triangle_{123}$（图 6.1），节点是以逆时针方向编号。边界的左侧总是被称为三角形 $\triangle_{123}$（即所考虑的单元）边界的右边是相邻的单元。

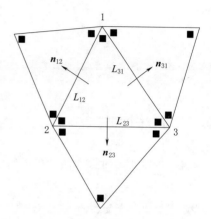

图 6.1 不连续线性三角形单元

$$\widetilde{\boldsymbol{F}} = \begin{cases} \boldsymbol{F}_L \boldsymbol{n} = u_{nL} C_L, & \lambda \geqslant 0 \\ \boldsymbol{F}_R \boldsymbol{n} = u_{nR} C_R, & \lambda < 0 \end{cases} \tag{6.7}$$

$$\lambda = \frac{1}{2}(u_{nL} + u_{nR}) \tag{6.8}$$

公式（6.6）的数值积分可以用等参数映射和从全局坐标到本地坐标的转换 [公式（6.9）] 进行。公式（6.9）中每一项的解释在公式（6.10）~公式（6.12）中给出。公式（6.12）的进一步说明在第 2 章中由公式（2.49）~公式（2.51）给出。该雅可比矩阵等于三角形面积的两倍。最终方程可以用简洁的形式写出，如公式（6.13）所示。

$$\int_0^1 \int_0^1 N_i N_j \det(\boldsymbol{J}^e) d\xi d\eta \frac{\partial C_j}{\partial t} + \sum_{j=1, j \neq i}^3 \widetilde{\boldsymbol{F}}_{ij} \frac{L_{ij}}{2} - \int_0^1 \int_0^1 \nabla' \boldsymbol{N}_i \cdot \boldsymbol{F}(\hat{\boldsymbol{U}}) \det(\boldsymbol{J}^e) d\xi d\eta = 0$$

$$\tag{6.9}$$

$$\int_0^1 \int_0^1 N_i N_j \det(\boldsymbol{J}^e) d\xi d\eta \frac{\partial C_j}{\partial t} = \frac{Area}{12} \begin{bmatrix} 2 & 1 & 1 \\ 1 & 2 & 1 \\ 1 & 1 & 2 \end{bmatrix} \frac{\partial}{\partial t} \begin{bmatrix} C_1 \\ C_2 \\ C_3 \end{bmatrix} \tag{6.10}$$

$$\sum_{j=1, j \neq i}^3 \widetilde{\boldsymbol{F}}_{ij} \frac{L_{ij}}{2} = \frac{1}{2} \begin{bmatrix} \widetilde{\boldsymbol{F}}_{12} L_{12} + \widetilde{\boldsymbol{F}}_{13} L_{13} \\ \widetilde{\boldsymbol{F}}_{23} L_{23} + \widetilde{\boldsymbol{F}}_{12} L_{12} \\ \widetilde{\boldsymbol{F}}_{31} L_{31} + \widetilde{\boldsymbol{F}}_{12} L_{12} \end{bmatrix} \tag{6.11}$$

$$\int_0^1 \int_0^1 \nabla' N_i \cdot \boldsymbol{F}(\hat{\boldsymbol{U}}) \det(\boldsymbol{J}^e) \mathrm{d}\xi \mathrm{d}\eta = \int_0^1 \int_0^1 \left[y_{31} \begin{bmatrix} -1 \\ 1 \\ 0 \end{bmatrix} - y_{21} \begin{bmatrix} -1 \\ 0 \\ 1 \end{bmatrix} \right] \hat{E} \mathrm{d}\xi \mathrm{d}\eta$$

$$+ \int_0^1 \int_0^1 \left[-x_{31} \begin{bmatrix} -1 \\ 1 \\ 0 \end{bmatrix} + x_{21} \begin{bmatrix} -1 \\ 0 \\ 1 \end{bmatrix} \right] \hat{G} \mathrm{d}\xi \mathrm{d}\eta$$

$$(6.12)$$

$$\boldsymbol{M} \frac{\partial \boldsymbol{C}}{\partial t} = \boldsymbol{R} \quad \text{或} \quad \frac{\partial \boldsymbol{C}}{\partial t} = \boldsymbol{M}^{-1} \boldsymbol{R} = \boldsymbol{L} \tag{6.13}$$

6.3 斜率限制器

斜率限制器用来减少激波周围的虚假振荡，并保持平滑区域解的高阶精度。有许多斜率限制器可以使用，例如 minmod 型限制器（Burbeau 等，2001），基于矩的限制器（Biswas 等，1994），单调性保留限制器（Suresh 和 Huynh，1997），以及加权本质非振荡限制器（Qiu 和 Shu，2005）。为实现高阶精度构造，许多斜率限制器使用勒让德（Legendre）多项式、谱正交或分层基函数，下面以二阶线性三角形单元的斜率限制器为例说明。典型的线性三角形单元如图 6.2 所示。这里展示了两个斜率限制器。

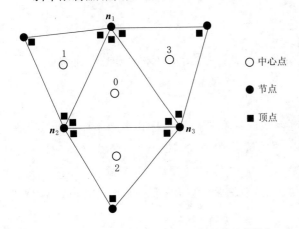

图 6.2　不连续 Galerkin 方法的三角形单元离散化

○ 中心点

● 节点

■ 顶点

采用的第一个斜率限制器（SL1）来自 Lai 和 Khan（2012）。该斜率限制器应用于守恒变量。限制过程包括四个步骤。第一步，计算主要单元和周围三个单元（$e = 0$，1，2，3）守恒变量的平均解［公式（6.14）］。第二步，用格林定理计算所有单元的未限制梯度，例如计算 0 单元的未限制梯度采用公式（6.15）。在公式（6.15）中，u_{01} 是单元 0 和单元 1 之间边界处的值。首先计算相邻单元的平均值，然后用反距离加权法在边界处找到 u_{01}，采用类似的程序来计算 u_{02} 和 u_{03}。在第三步，通过取周围单元的未限制梯度的加权平均来计算受限梯度［公式（6.16）］。公式（6.16）中的权重因子由公式（6.17）给出，其中 δ 是为防止权重不确定而引入的微小数，周围单元的 g_e（$e = 1$，2，3）由公式（6.18）定义。第四步，有限守恒变量（$u_{e,j}^l$）的节点值可以使用公式（6.19）计算。

$$\overline{u}_e = \frac{1}{3}\sum_{j=1}^{3} u_{e,j}, u \in \boldsymbol{U} \tag{6.14}$$

$$\left.\begin{aligned}
\frac{\partial u}{\partial x} &= \frac{1}{\Omega_0}\oint_{\Gamma_0} u\,\mathrm{d}y = \frac{1}{\Omega_0}\sum_{e=1}^{3} u_{0e}\Delta y_e \\
&= \frac{[u_{01}(y_{n2}-y_{n1})+u_{02}(y_{n3}-y_{n2})+u_{03}(y_{n1}-y_{n3})]}{\Omega_0} \\
\frac{\partial u}{\partial y} &= \frac{-1}{\Omega_0}\oint_{\Gamma_0} u\,\mathrm{d}x = \frac{-1}{\Omega_0}\sum_{e=1}^{3} u_{0e}\Delta x_e \\
&= \frac{[u_{01}(x_{n2}-x_{n1})+u_{02}(x_{n3}-x_{n2})+u_{03}(x_{n1}-x_{n3})]}{-\Omega_0}
\end{aligned}\right\} \tag{6.15}$$

$$(\nabla u)_0^l = w_1(\nabla u)_1 + w_2(\nabla u)_2 + w_3(\nabla u)_3 \tag{6.16}$$

$$\left.\begin{aligned}
w_1 &= \frac{g_2 g_3 + \delta}{g_1^2 + g_2^2 + g_3^2 + 3\delta} \\
w_2 &= \frac{g_1 g_3 + \delta}{g_1^2 + g_2^2 + g_3^2 + 3\delta} \\
w_3 &= \frac{g_1 g_2 + \delta}{g_1^2 + g_2^2 + g_3^2 + 3\delta}
\end{aligned}\right\} \tag{6.17}$$

$$\left.\begin{aligned}
g_1 &= \|(\nabla u)_1\|^2 \\
g_2 &= \|(\nabla u)_2\|^2 \\
g_3 &= \|(\nabla u)_3\|^2
\end{aligned}\right\} \tag{6.18}$$

$$\left.\begin{aligned}
\left(\frac{\partial u}{\partial x}\right)_0^l &= \sum_{j=1}^{3}\frac{\partial N_j}{\partial x}u_{0,j}^l \\
\left(\frac{\partial u}{\partial y}\right)_0^l &= \sum_{j=1}^{3}\frac{\partial N_j}{\partial y}u_{0,j}^l \\
\overline{u}_0 &= \frac{1}{3}\sum_{j=1}^{3}u_{0,j}^l
\end{aligned}\right\} \tag{6.19}$$

第二个斜率限制器（SL2）采用 Anastasiou 和 Chan（1997）的方法。单元的变量受到公式（6.20）给出的限制，其中 ∇u 是由公式（6.15）给出的未限制梯度，r 是起源于单元质心的向量，延伸到单元内部的任何一点，ϕ 是由公式（6.21）给出的选定限制器。为了确定守恒变量的节点值，使用公式（6.20）在三个节点进行计算。节点 1 的向量 r 将是（$x_{n1}-\overline{x}$，$y_{n1}-\overline{y}$），其中 $\overline{x}$ 和 $\overline{y}$ 是单元中心的坐标值。公式（6.21）中的参数在公式（6.22）~公式（6.24）中进行解释。$k=1$，2，3，表示单元 0 的边。U_k 是未限制的边界值，$\overline{U}_e$ 是未限制的单元质心值，U_k 是边界 k 处的平均值，由单元 0 节点的值确定。参数 β 的值范围为 1 到 2，当 $\beta=1$ 或者 $\beta=2$ 分别对应 minmod 限制器或者 Superbee 限制器。如果 ϕ 取为零，则该格式退化为一阶有限体积法（FVM）。

$$u_0^l(x, y) = \bar{u}_0 + \phi \nabla u \cdot \boldsymbol{r} \tag{6.20}$$

$$\phi = \min(\phi_k), \qquad k = 1, 2, 3 \tag{6.21}$$

$$\phi_k = \max[\min(\beta r_k, 1), \min(r_k, \beta)] \tag{6.22}$$

$$r_k = \begin{cases} (u_0^{\max} - \bar{u}_0)/(u_k - \bar{u}_0), & u_k - \bar{u}_0 > 0 \\ (u_0^{\min} - \bar{u}_0)/(u_k - \bar{u}_0), & u_k - \bar{u}_0 < 0 \\ 1, & u_k - \bar{u}_0 = 0 \end{cases} \tag{6.23}$$

$$\begin{cases} u_0^{\min} = \min(\bar{u}_e), & e = 0, 1, 2, 3 \\ u_0^{\max} = \max(\bar{u}_e), & e = 0, 1, 2, 3 \end{cases} \tag{6.24}$$

6.4 数值试验

该数值格式首先应用于涉及纯对流问题的一个旋转的锥形标量场。初始条件如图 6.3 所示。锥形标量的最大值为 1.0 单位，底半径为 0.1m。标量场为对流角速度 $\omega = 2.0$ rad/s 的速度场。对应不同的限制器，一个旋转周期之后的模拟结果如图 6.4～图 6.6

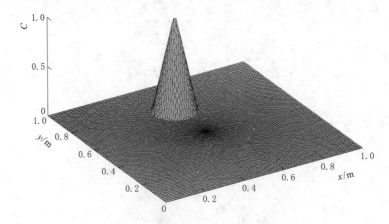

图 6.3 锥形纯对流试验的初始条件

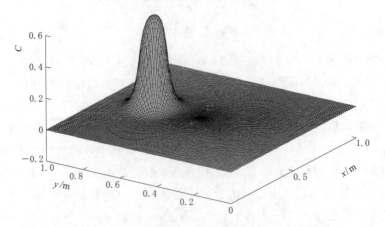

图 6.4 使用 SL1 限制器的锥形纯对流试验的数值结果

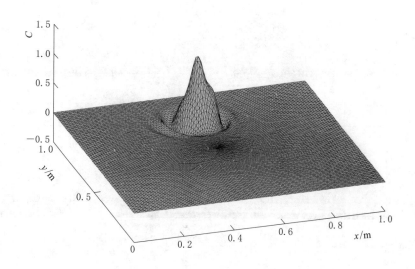

图 6.5 使用 SL2 限制器的锥形纯对流试验的数值结果

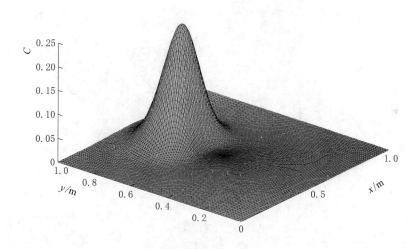

图 6.6 使用有限体积法的锥形纯对流试验的数值结果

所示。图 6.7 为沿 $y=0.75$ 和 $x=0.5$ 的数值解与精确解的比较。结果显示一阶有限体积法的数值耗散较大，使用 SL2（Superbee 限制器）的不连续 Galerkin 方法是非耗散的，使用 SL1 限制器的不连续 Galerkin 方法的解处在两者之间。

接下来，模拟标量场的一个方形对流问题，其初始条件如图 6.8 所示。方形场最初的大小为 $1.5\mathrm{m} \times 1.5\mathrm{m}$，$C=10$，设定流速 $u=1\mathrm{m/s}$，$v=1\mathrm{m/s}$。在时间 $t=2\mathrm{s}$ 时的模拟结果如图 6.9 和图 6.10 所示。在该试验中使用斜率限制器 SL1。在方形边缘周围观察到耗散效应，但波形运动的捕获仍是令人满意的。

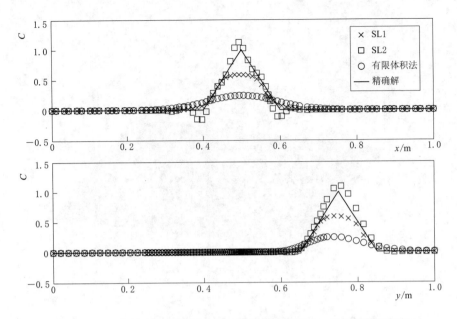

图 6.7 锥形纯对流试验的数值解（使用不同限制器）与精确解的比较

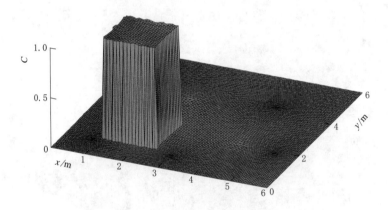

图 6.8 方形纯对流试验的初始条件

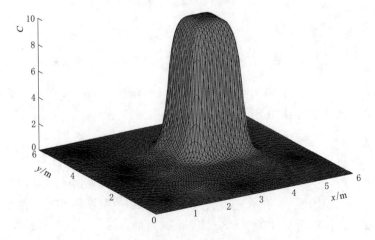

图 6.9 方形纯对流试验在 2s 时的数值结果三维图

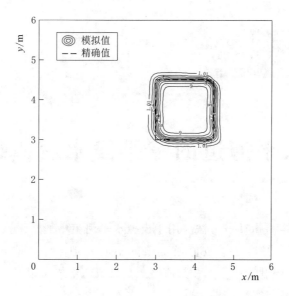

图 6.10   方形纯对流试验在 2s 时的数值结果等高线图

参 考 文 献

Anastasiou，K.，and Chan，C. T. （1997）. Solution of the 2D shallow water equations using the finite element method on unstructured triangular meshes. International Journal for Numerical Methods in Fluids，24（11），1225－1245.

Biswas，R.，Devine，K. D.，and Flaherty，J. E. （1994）. Parallel adaptive finite element methods for conservation laws. Applied Numerical Mathematics，14（1－3），255－283.

Burbeau，A.，Sagaut，P.，and Hruneau，Ch.－H. （2001）. A problem－independent limiter for high－order Runge－Kutta discontinuous Galerkin methods. Journal of Computational Physics，169，115－150.

Lai，W.，and Khan，A. A. （2012）. A discontinuous Galerkin method for two－dimensional shallow water flows. International Journal for Numerical Methods in Fluids，70（8），939－960.

Qiu，J.，and Shu，C. W. （2005）. Runge－Kutta discontinuous Galerkin method using WENO limiters. SIAM Journal on Scientific Computing，26（3），907－929.

Suresh，A.，and Huynh，H. T. （1997）. Accurate monotonicity－preserving schemes with Runge－Kutta time stepping. Journal of Computational Physics，136（1），83－99.

第 7 章

水平河道的二维浅水流模拟

　　本章介绍不连续 Galerkin 方法应用于模拟水平河道中的二维浅水流。首先介绍了二维浅水流方程，接着讨论了数值通量项的不同处理方法，前一章由 Lai 和 Khan（2012）提出的斜率限制器用于本章数值格式。该数值格式应用于各种试验算例，并对比了数值解、解析解与实测结果。

7.1　水平河道二维浅水流方程

　　通过在垂直方向下积分三维纳维-斯托克斯方程可以推导出二维浅水流方程，其中使用的假设包括垂直方向的静水压力分布和均匀速度。浅水流方程适用于水平范围远大于水深的情况以及垂直加速度可以忽略不计的情况。水深平均的浅水流方程见公式（7.1）。摩阻斜率在 x 和 y 方向的数值由公式（7.2）给出。

$$\left.\begin{aligned}
\frac{\partial h}{\partial t} + \frac{\partial uh}{\partial x} + \frac{\partial vh}{\partial y} &= 0 \\
\frac{\partial uh}{\partial t} + \frac{\partial hu^2 + gh^2/2}{\partial x} + \frac{\partial huv}{\partial y} &= -gh\frac{\partial z_b}{\partial x} - ghS_{fx} \\
\frac{\partial vh}{\partial t} + \frac{\partial huv}{\partial x} + \frac{\partial hv^2 + gh^2/2}{\partial y} &= -gh\frac{\partial z_b}{\partial y} - ghS_{fy}
\end{aligned}\right\} \tag{7.1}$$

$$\left.\begin{aligned}
S_{fx} &= \frac{n^2 u\sqrt{u^2 + v^2}}{h^{4/3}} \\
S_{fy} &= \frac{n^2 v\sqrt{u^2 + v^2}}{h^{4/3}}
\end{aligned}\right\} \tag{7.2}$$

　　二维浅水流方程的守恒形式由公式（7.3）给出。这些向量包括由公式（7.4）给出的守恒变量的向量、源向量和通量向量。为了评估控制方程的性质，需要分析该控制方程的雅可比矩阵。对于任意单位向量 $\boldsymbol{n} = (n_x, n_y)$，控制方程的雅可比矩阵由公式（7.5）给出。该雅可比矩阵具有三个不同的特征值及特征向量，见公式（7.6）和公式（7.7）。这些特征值表明该方程形成了双曲型系统。

$$\frac{\partial \boldsymbol{U}}{\partial t} + \nabla \cdot \boldsymbol{F}(\boldsymbol{U}) = \frac{\partial \boldsymbol{U}}{\partial t} + \frac{\partial \boldsymbol{E}(\boldsymbol{U})}{\partial x} + \frac{\partial \boldsymbol{G}(\boldsymbol{U})}{\partial y} = \boldsymbol{S}(\boldsymbol{U}) \tag{7.3}$$

$$\boldsymbol{U} = \begin{bmatrix} h \\ hu \\ hv \end{bmatrix} \quad \boldsymbol{S} = \begin{bmatrix} 0 \\ -gh\dfrac{\partial z_b}{\partial x} - ghS_{fx} \\ -gh\dfrac{\partial z_b}{\partial y} - ghS_{fy} \end{bmatrix} \tag{7.4}$$

$$\boldsymbol{E}(\boldsymbol{U}) = \begin{bmatrix} hu \\ hu^2 + gh^2/2 \\ huv \end{bmatrix} \quad \boldsymbol{G}(\boldsymbol{U}) = \begin{bmatrix} hv \\ huv \\ hv^2 + gh^2/2 \end{bmatrix}$$

$$\boldsymbol{J}(\boldsymbol{U}) = \frac{\partial \boldsymbol{F}(\boldsymbol{U}) \cdot n}{\partial \boldsymbol{U}} = \frac{\partial \boldsymbol{E}}{\partial \boldsymbol{U}} n_x + \frac{\partial \boldsymbol{G}}{\partial \boldsymbol{U}} n_y$$

$$= \begin{bmatrix} 0 & n_x & n_y \\ (gh - u^2)n_x - uvn_y & 2un_x + vn_y & un_y \\ -uvn_x + (gh - v^2)n_y & vn_x & un_x + 2vn_y \end{bmatrix} \tag{7.5}$$

$$\left.\begin{array}{l} \lambda_1 = un_x + vn_y - c \\ \lambda_2 = un_x + vn_y \\ \lambda_3 = un_x + vn_y + c \end{array}\right\} \tag{7.6}$$

$$\boldsymbol{K}_1 = \begin{bmatrix} 1 \\ u - \sqrt{gh}\,n_x \\ v - \sqrt{gh}\,n_y \end{bmatrix}, \ \boldsymbol{K}_2 = \begin{bmatrix} 0 \\ -n_y \\ n_x \end{bmatrix}, \ \boldsymbol{K}_3 = \begin{bmatrix} 1 \\ u + \sqrt{gh}\,n_x \\ v + \sqrt{gh}\,n_y \end{bmatrix} \tag{7.7}$$

浅水流方程还可以写成另一种形式，如公式（7.8）所示。相应的守恒变量的向量、源向量和通量向量由公式（7.9）给出。在这些方程式中 q_x 和 q_y 是 x 和 y 方向上单宽流量并且分别等于 uh 和 vh。

$$\left.\begin{array}{l} \dfrac{\partial h}{\partial t} + \dfrac{\partial q_x}{\partial x} + \dfrac{\partial q_y}{\partial y} = 0 \\ \dfrac{\partial q_x}{\partial t} + \dfrac{\partial q_x^2/h + gh^2/2}{\partial x} + \dfrac{\partial q_x q_y/h}{\partial y} = -gh\dfrac{\partial z_b}{\partial x} - ghS_{fx} \\ \dfrac{\partial q_y}{\partial t} + \dfrac{\partial q_x q_y/h}{\partial x} + \dfrac{\partial q_y^2/h + gh^2/2}{\partial y} = -gh\dfrac{\partial z_b}{\partial y} - ghS_{fy} \end{array}\right\} \tag{7.8}$$

$$\boldsymbol{U} = \begin{bmatrix} h \\ q_x \\ q_y \end{bmatrix} \quad \boldsymbol{S} = \begin{bmatrix} 0 \\ -gh\dfrac{\partial z_b}{\partial x} - ghS_{fx} \\ -gh\dfrac{\partial z_b}{\partial y} - ghS_{fy} \end{bmatrix}$$

$$\boldsymbol{E}(\boldsymbol{U}) = \begin{bmatrix} q_x \\ q_x^2/h + gh^2/2 \\ q_x q_y/h \end{bmatrix} \quad \boldsymbol{G}(\boldsymbol{U}) = \begin{bmatrix} q_y \\ q_x q_y/h \\ q_y^2/h + gh^2/2 \end{bmatrix} \tag{7.9}$$

7.2　数值通量

用于二维水流系统的不连续 Galerkin 方法类似于前面一章中所讨论的二维标量情况。不连续 Galerkin 方法应用于系统的每个方程。对于二维浅水流方程，数值通量可以用 HLL 通量、HLLC 通量或 Roe 通量函数计算。HLL 通量（Fraccarollo 和 Toro，1995）和 HLLC 通量（Eskilsson 和 Sherwin，2004）分别由公式（7.10）和公式（7.11）给出。

$$F^{HLL} = \begin{cases} \boldsymbol{F}_L \cdot \boldsymbol{n}, & S_L \geqslant 0 \\ \dfrac{(S_R\boldsymbol{F}_L - S_L\boldsymbol{F}_R) \cdot \boldsymbol{n} + S_LS_R(\boldsymbol{U}_R - \boldsymbol{U}_L)}{S_R - S_L}, & S_L < 0 < S_R \\ \boldsymbol{F}_R \cdot \boldsymbol{n}, & S_R \leqslant 0 \end{cases} \quad (7.10)$$

$$F^{HLLC} = \begin{cases} \boldsymbol{F}(\boldsymbol{U}_L) \cdot \boldsymbol{n}, & S_L \geqslant 0 \\ \boldsymbol{F}(\boldsymbol{U}_L) \cdot \boldsymbol{n} + S_L(\boldsymbol{U}_{*L} - \boldsymbol{U}_L), & S_L < 0 \leqslant S_* \\ \boldsymbol{F}(\boldsymbol{U}_R) \cdot \boldsymbol{n} + S_R(\boldsymbol{U}_{*R} - \boldsymbol{U}_R), & S_* < 0 < S_R \\ \boldsymbol{F}(\boldsymbol{U}_R) \cdot \boldsymbol{n}, & S_R \leqslant 0 \end{cases} \quad (7.11)$$

对于二维浅水流方程，具有的旋转矩阵 $\boldsymbol{T}$ 及其逆矩阵可以写为公式（7.12），方程中的通量由公式（7.13）给出。对于 $\boldsymbol{Q} = \boldsymbol{TU}$，数值通量由公式（7.14）给出。矢量 $\boldsymbol{Q}$ 和 $\boldsymbol{E}(\boldsymbol{Q})$ 由公式（7.15）给出。HLL 和 HLLC 的数值通量分别由公式（7.16）和公式（7.17）给出。水波速度和中间变量由公式（7.18）～公式（7.23）给出，其中 u_t 是切向速度。$\boldsymbol{E}(\boldsymbol{Q}_L)$ 和 $\boldsymbol{E}(\boldsymbol{Q}_R)$ 数量代表左侧和右侧边界单元沿逆时针方向移动的值。边界处的 $\boldsymbol{E}(\boldsymbol{Q}_L)$ 和 $\boldsymbol{E}(\boldsymbol{Q}_R)$ 值是基于相应的边界节点 h、q_x 和 q_y 的平均值计算。求解出 $\tilde{E}$ 后，就可以使用公式（7.14）计算出数值通量。使用 HLL 计算数值通量函数时，可以直接使用公式（7.10）的形式，其中波速由公式（7.18）和公式（7.19）给出。

$$\boldsymbol{T} = \begin{bmatrix} 1 & 0 & 0 \\ 0 & n_x & n_y \\ 0 & -n_y & n_x \end{bmatrix} \quad \boldsymbol{T}^{-1} = \begin{bmatrix} 1 & 0 & 0 \\ 0 & n_x & -n_y \\ 0 & n_y & n_x \end{bmatrix} \quad (7.12)$$

$$\boldsymbol{F} \cdot \boldsymbol{n} = \boldsymbol{E}n_x + \boldsymbol{G}n_y = \boldsymbol{T}^{-1}\boldsymbol{E}(\boldsymbol{TU}) \quad (7.13)$$

$$\tilde{\boldsymbol{F}} = \boldsymbol{T}^{-1}\tilde{\boldsymbol{E}}(\boldsymbol{Q}) \quad (7.14)$$

$$\boldsymbol{Q} = \boldsymbol{TU} = \begin{bmatrix} h \\ q_xn_x + q_yn_y \\ -q_xn_y + q_yn_x \end{bmatrix} \quad \boldsymbol{E}(\boldsymbol{Q}) = \begin{bmatrix} q_xn_x + q_yn_y \\ \dfrac{(q_xn_x + q_yn_y)^2}{h} + \dfrac{gh^2}{2} \\ \dfrac{(q_xn_x + q_yn_y)(-q_xn_y + q_yn_x)}{h} \end{bmatrix}$$

$$(7.15)$$

$$\widetilde{\boldsymbol{E}}^{\text{HLL}} = \begin{cases} \boldsymbol{E}(\boldsymbol{Q}_{\text{L}}), & 0 \leqslant S_{\text{L}} \\ \dfrac{S_{\text{R}}\boldsymbol{E}(\boldsymbol{Q}_{\text{L}}) - S_{\text{L}}\boldsymbol{E}(\boldsymbol{Q}_{\text{R}}) + S_{\text{L}}S_{\text{R}}(\boldsymbol{Q}_{\text{R}} - \boldsymbol{Q}_{\text{L}})}{S_{\text{R}} - S_{\text{L}}}, & S_{\text{L}} < 0 < S_{\text{R}} \\ \boldsymbol{E}(\boldsymbol{Q}_{\text{R}}), & 0 \geqslant S_{\text{R}} \end{cases} \tag{7.16}$$

$$\widetilde{\boldsymbol{E}}^{\text{HLLC}} = \begin{cases} \boldsymbol{E}(\boldsymbol{Q}_{\text{L}}), & S_{\text{L}} \geqslant 0 \\ \boldsymbol{E}(\boldsymbol{Q}_{\text{L}}) + S_{\text{L}}(\boldsymbol{Q}_{*\text{L}} - \boldsymbol{Q}_{\text{L}}), & S_{\text{L}} < 0 \leqslant S_{*} \\ \boldsymbol{E}(\boldsymbol{Q}_{\text{R}}) + S_{\text{R}}(\boldsymbol{Q}_{*\text{R}} - \boldsymbol{Q}_{\text{R}}), & S_{*} < 0 < S_{\text{R}} \\ \boldsymbol{E}(\boldsymbol{Q}_{\text{R}}), & S_{\text{R}} \leqslant 0 \end{cases} \tag{7.17}$$

$$S_{\text{L}} = \min(u_{n\text{L}} - \sqrt{gh_{\text{L}}}, \quad u_n^{*} - \sqrt{gh^{*}}) \tag{7.18}$$

$$S_{\text{R}} = \max(u_{n\text{R}} + \sqrt{gh_{\text{R}}}, \quad u_n^{*} + \sqrt{gh^{*}}) \tag{7.19}$$

$$S_{*} = \frac{S_{\text{L}}h_{\text{R}}(u_{n\text{R}} - S_{\text{R}}) - S_{\text{R}}h_{\text{L}}(u_{n\text{L}} - S_{\text{L}})}{h_{\text{R}}(u_{n\text{R}} - S_{\text{R}}) - h_{\text{L}}(u_{n\text{L}} - S_{\text{L}})} \tag{7.20}$$

$$u_n^{*} = \frac{1}{2}(u_{n\text{L}} + u_{n\text{R}}) + \sqrt{gh_{\text{L}}} - \sqrt{gh_{\text{R}}} \tag{7.21}$$

$$\sqrt{gh^{*}} = \frac{1}{2}(\sqrt{gh_{\text{L}}} + \sqrt{gh_{\text{L}}}) + \frac{1}{4}(u_{n\text{L}} - u_{n\text{R}}) \tag{7.22}$$

$$\boldsymbol{Q}_{*(\text{L},\text{R})} = h_{(\text{L},\text{R})}\left(\frac{S_{(\text{L},\text{R})} - u_{n(\text{L},\text{R})}}{S_{(\text{L},\text{R})} - S_{*}}\right)\begin{bmatrix} 1 \\ S_{*} \\ u_{t(\text{L},\text{R})} \end{bmatrix} \tag{7.23}$$

二维浅水流方程的 Roe 通量（Wang 和 Liu，2000）由公式（7.24）给出。Roe 通量的参数通过公式（7.25）～公式（7.28）给出。除非另有说明，以下试验采用 HLLC 数值通量。

$$\widetilde{\boldsymbol{F}}^{\text{Roe}} = \frac{1}{2}(\boldsymbol{F}_{\text{L}} + \boldsymbol{F}_{\text{R}}) \cdot \boldsymbol{n} - \frac{1}{2}\sum_{i=1}^{3}\widetilde{\alpha}_i|\widetilde{\lambda}_i|\widetilde{\boldsymbol{K}}_i \tag{7.24}$$

$$\left.\begin{aligned} \widetilde{\alpha}_{1,3} &= \frac{\Delta h}{2} - \frac{1}{2\widetilde{c}}[\Delta q_x n_x + \Delta q_y n_y - (\widetilde{u}n_x + \widetilde{v}n_y)\Delta h] \\ \widetilde{\alpha}_2 &= \frac{1}{\widetilde{c}}[(\Delta q_y - \widetilde{v}\Delta h)n_x - (\Delta q_x - \widetilde{u}\Delta h)n_y] \\ \widetilde{\alpha}_3 &= \frac{\Delta h}{2} + \frac{1}{2\widetilde{c}}[\Delta q_x n_x + \Delta q_y n_y - (\widetilde{u}n_x + \widetilde{v}n_y)\Delta h] \end{aligned}\right\} \tag{7.25}$$

$$\left.\begin{aligned} \widetilde{\lambda}_1 &= \widetilde{u}n_x + \widetilde{v}n_y - \widetilde{c} \\ \widetilde{\lambda}_2 &= \widetilde{u}n_x + \widetilde{v}n_y \\ \widetilde{\lambda}_3 &= \widetilde{u}n_x + \widetilde{v}n_y + \widetilde{c} \end{aligned}\right\} \tag{7.26}$$

$$\tilde{K}_1 = \begin{bmatrix} 1 \\ \tilde{u} - \tilde{c} n_x \\ \tilde{v} - \tilde{c} n_x \end{bmatrix} \quad \tilde{K}_2 = \begin{bmatrix} 0 \\ -\tilde{c} n_y \\ \tilde{c} n_x \end{bmatrix} \quad \tilde{K}_3 = \begin{bmatrix} 1 \\ \tilde{u} + \tilde{c} n_x \\ \tilde{v} + \tilde{c} n_x \end{bmatrix} \tag{7.27}$$

$$\left.\begin{aligned} \tilde{u} &= \frac{u^+ \sqrt{h^+} + u^- \sqrt{h^-}}{(\sqrt{h^-} + \sqrt{h^+})} \\ \tilde{v} &= \frac{v^+ \sqrt{h^+} + v^- \sqrt{h^+}}{(\sqrt{h^-} + \sqrt{h^+})} \\ \tilde{c} &= \sqrt{\frac{g}{2}(h^- + h^+)} \end{aligned}\right\} \tag{7.28}$$

7.3　干河床问题的处理

对于干河床问题，数值通量通过具有两个波的 HLL 通量函数求解，右侧干河床和左侧干河床的边界波速分别由公式（7.29）和公式（7.30）给出。采用类似于一维情况的干河床处理方法，在干节点处分配较小的水深或者使用小水深标准在干节点处追踪具有零水深的干湿边界。数值试验表明，对于水平河道或河道比降很小的情况，这两种干河床处理方法得到相似的结果。然而，对于河床几何形状具有较大变化的情况，则使用小水深跟踪具有零水深的干湿边界的干河床处理方法，以得到更精确的结果。

$$\left.\begin{aligned} S_L &= u_{nL} - \sqrt{gh_L} \\ S_R &= u_{nL} + 2\sqrt{gh_L} \end{aligned}\right\} \tag{7.29}$$

$$\left.\begin{aligned} S_L &= u_{nR} - 2\sqrt{gh_R} \\ S_R &= u_{nR} + \sqrt{gh_R} \end{aligned}\right\} \tag{7.30}$$

7.4　数值试验

本节模拟了具有水平河床的渠道数值试验。源项中忽略了河床高程项，只有摩阻力项被考虑。为验证该数值格式进行了几项试验。

7.4.1　斜向水跃

在该试验中，给出了一个水平河道中斜向水跃的数值模拟，计算域及网格如图 7.1 所示。当超临界流被收缩墙偏转时，在河道内形成斜向水跃。采用水深 $h = 1.0\text{m}$、纵向速度 $u = 8.57\text{m/s}$、横向速度 $v = 0\text{m/s}$ 作为入流边界条件，出流边界无边界条件。基于解析解，冲击角为 $30°$，激波后水深为 1.5049m。计算稳态水面如图 7.2 所示，水面等高线如图 7.3 所示。沿图 7.1 实线的不同通量函数数值解与精确解的比较如图 7.4 所示，数值解与精确解吻合较好。使用 HLL、Roe 和 HLLC 通量的结果类似。

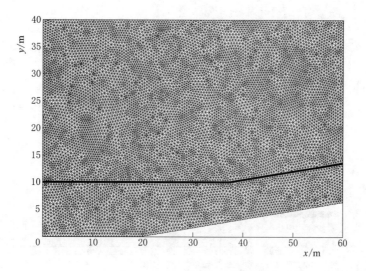

图 7.1 斜向水跃的计算区域与网格

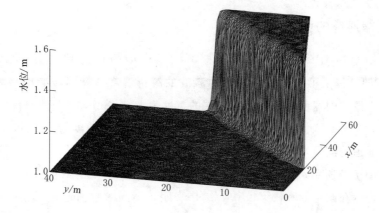

图 7.2 斜向水跃的计算稳态水面

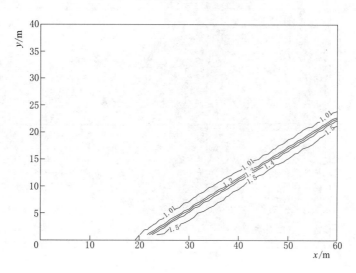

图 7.3 斜向水跃的计算水面等高线

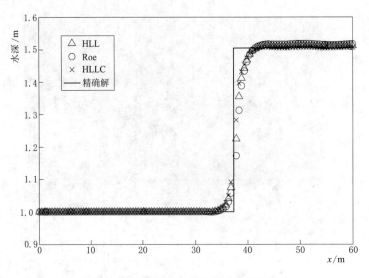

图 7.4　斜向水跃沿实线的数值解与精确解

7.4.2　渐缩河道的激波

下面介绍不连续 Galerkin 方法模拟渐缩河道中的稳态超临界激波。Ippen 和 Dawson（1951）提供了河道收缩产生的激波的解析解，计算区域和网格如图 7.5 所示。通道在上游端的宽度为 20m，下游端的宽度为 10.548m。墙壁的偏转角为 12°，收缩长度为 22.234m。入流边界条件如下：水深为 1m，纵向速度为 8.4566m/s，横向速度为零；于通道的流出端不需要应用边界条件。计算出的稳态水位和水深等高线分别如图 7.6 和图 7.7 所示。对沿着如图 7.5 所示的虚线和实线的数值解和精确解进行了比较，分别显示在图 7.8 和图 7.9 中。结果表明，不同的数值通量函数提供相似的精度。该数值格式能够准确捕获激波。在激波后观察到了一些振荡。

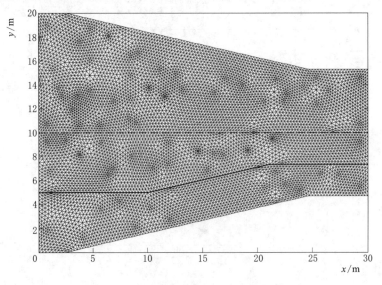

图 7.5　激波测试的计算区域和网格

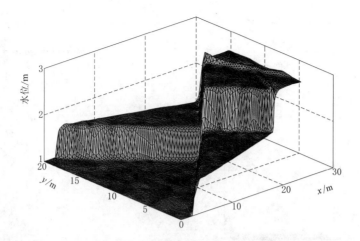

图 7.6 激波试验的三维水面图

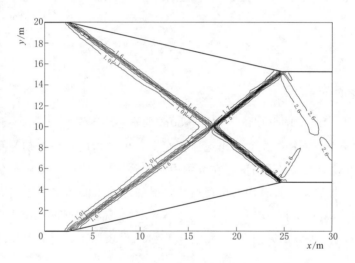

图 7.7 激波试验的水深等高线图（单位：m）

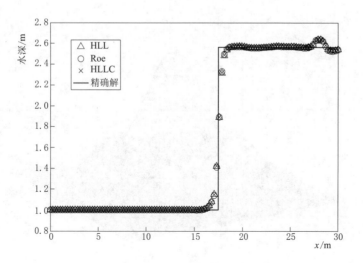

图 7.8 激波试验沿着虚线的数值解与精确解

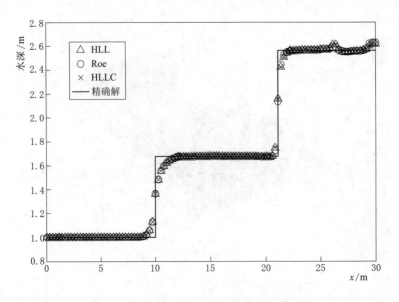

图 7.9　激波试验沿着实线的数值解与精确解

7.4.3　圆形溃坝

一个半径为 11m 的圆形坝位于 50m×50m 的实心墙容器的中心。在该试验中模拟了圆形溃坝的两个不同情况：对于出流溃坝情况，大坝内的水深最初为 10m，大坝外的水深为 1m；对于入流溃坝情况，在大坝内的水深最初为 1m，大坝外的水深为 10m。假设圆形坝被立即移除，计算出的出流溃坝情况的三维水面和水深轮廓等高线在 0.8s 的结果分别如图 7.10 和图 7.11 所示，计算出的入流溃坝情况的三维水面和水深轮廓等高线在 2.0s 的结果分别见图 7.12 和图 7.13。结果表明，通过数值格式可以准确地捕获对称激波。

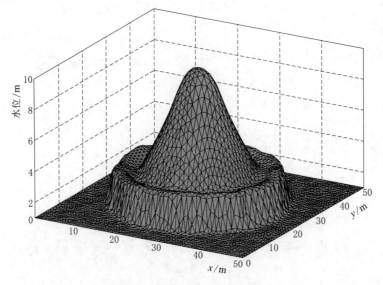

图 7.10　出流溃坝情况下在 0.8s 的三维水面图

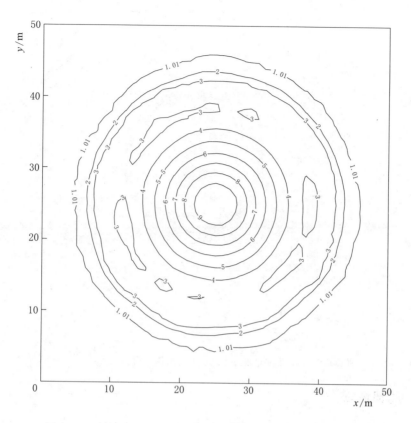

图 7.11　出流溃坝情况下在 0.8s 的水深等高线图（单位：m）

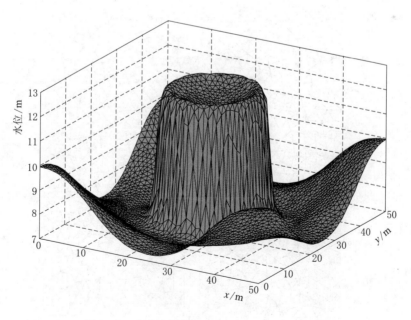

图 7.12　入流溃坝情况下在 2.0s 的三维水面图

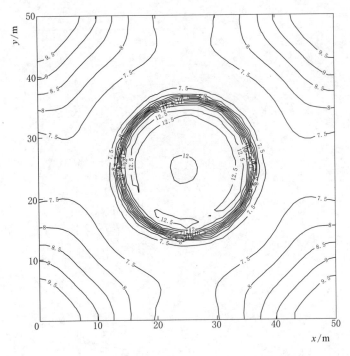

图 7.13　入流溃坝情况下在 2.0s 的水深等高线图（单位：m）

7.4.4　局部溃坝

局部溃坝试验的计算区域如图 7.14 所示。水平河道中间有一个水坝，水坝具有 75m

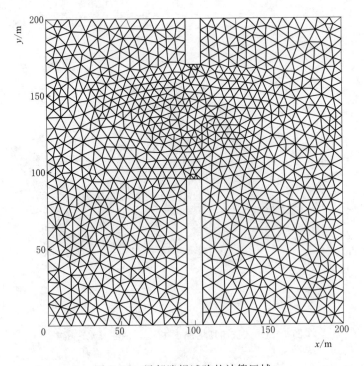

图 7.14　局部溃坝试验的计算区域

宽的溃口。局部溃坝试验中模拟了大坝下游的湿河床和干河床两种情况。对于这两种情况，大坝上游的水深都为10m，湿河床和干河床情况下游水深分别为5m和0m。假设该大坝溃坝为突然发生，对于湿河床情况，溃坝7s后的三维水面图和水深等高线分别如图7.15和图7.16所示；对于干河床情况，溃坝7s后的水面和水深等高线分别见图7.17和图7.18。

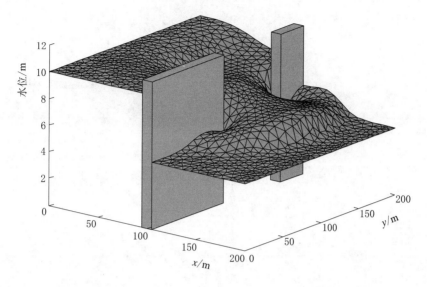

图 7.15　具有下游湿河床的局部溃坝试验在 7s 时的三维水面图

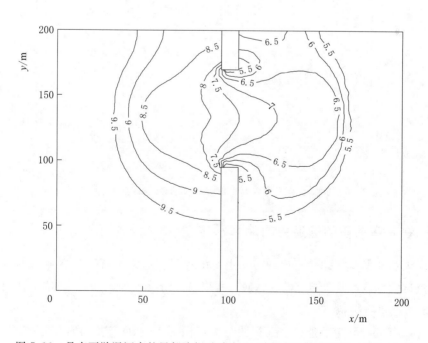

图 7.16　具有下游湿河床的局部溃坝试验在 7s 时的水深等高线图（单位：m）

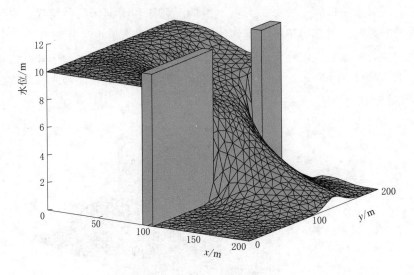

图 7.17　具有下游干河床的局部溃坝试验在 7s 时的三维水面图

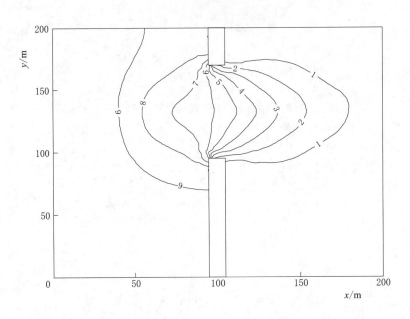

图 7.18　具有下游干河床的局部溃坝试验在 7s 时的水深等高线图

7.4.5　在有弯曲段的通道中的溃坝水流

鲁汶天主教大学（UCL，比利时）土木工程系实验室进行了具有急弯的通道内的溃坝水流试验，该试验也被（CADAM）所采用（Frazão 等，1998），这里使用不连续 Galerkin 方法进行模拟。

具有 45°弯和 90°弯的通道平面视图分别如图 7.19 和图 7.29 所示，测量位置也在图中标示出。测量点的坐标分别在表 7.1 和表 7.2 中给出。在通道的上游端有一个 244cm×239cm 的水库，矩形通道宽 49.5cm。对于 45°弯的情况，测量点记为 P1～P9；

对于 $90°$ 弯的情况，测量点标记为 G1～G6。通道河床使用曼宁糙率系数 0.0095 s/m$^{1/3}$，侧墙曼宁糙率系数采用 0.0195 s/m$^{1/3}$。水库出水口的闸门代表了水坝。

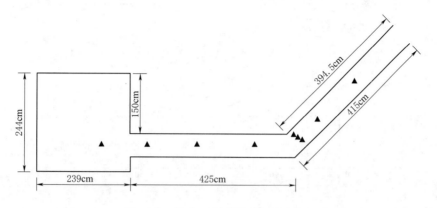

图 7.19　具有 $45°$ 弯的通道平面视图

表 7.1　　　　　　　　　　　　具有 $45°$ 弯的通道测量点坐标

测量点	P1	P2	P3	P4	P5	P6	P7	P8	P9
x/m	1.59	2.74	4.24	5.74	6.74	6.65	6.56	7.07	8.13
y/m	0.69	0.69	0.69	0.69	0.72	0.80	0.89	1.22	2.28

表 7.2　　　　　　　　　　　　具有 $90°$ 弯的通道测量点坐标

测量点	G1	G2	G3	G4	G5	G6
x/m	1.19	2.74	4.24	5.74	6.56	6.56
y/m	1.20	0.69	0.69	0.69	1.51	3.01

　　假设大坝瞬间溃坝。水库中的水深，对于 $45°$ 弯的情况，最初为 0.25m；对于 $90°$ 弯，最初为 0.2m。两种情况的下游河床都是干的。对于 $45°$ 弯的情况，计算区域使用了 2316 个三角形单元进行划分；对于 $90°$ 弯的情况，使用了 8546 个单元。P1～P9 的计算和实测水深在图 7.20～图 7.28 中进行了比较，而 G1～G6 的计算和实测水深分别如图 7.30～图 7.35 所示。该模型模拟溃坝波和弯曲段反射波方面表现良好。

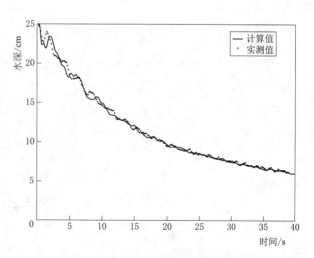

图 7.20　具有 $45°$ 弯的通道的溃坝试验
在 P1 的计算与实测水深

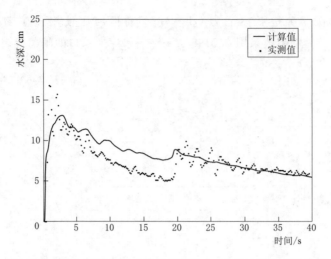

图 7.21　具有 45°弯的通道的溃坝试验在 P2 的计算与实测水深

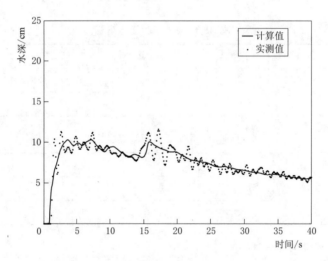

图 7.22　具有 45°弯的通道的溃坝试验在 P3 的计算与实测水深

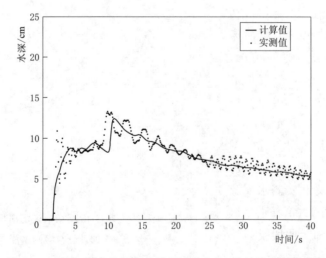

图 7.23　具有 45°弯的通道的溃坝试验在 P4 的计算与实测水深

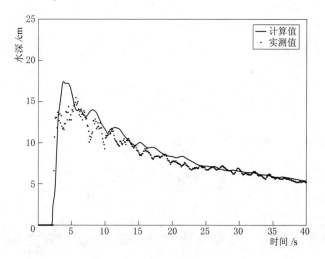

图 7.24 具有 45°弯的通道的溃坝试验在 P5 的计算与实测水深

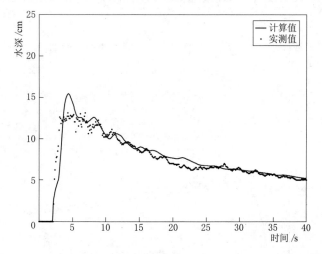

图 7.25 具有 45°弯的通道的溃坝试验在 P6 的计算与实测水深

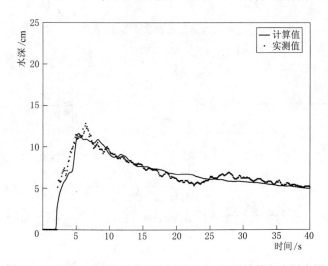

图 7.26 具有 45°弯的通道的溃坝试验在 P7 的计算与实测水深

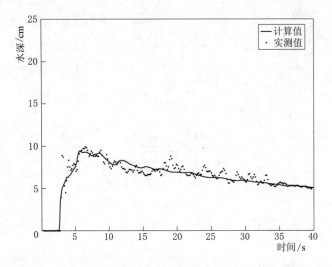

图 7.27 具有 45°弯的通道的溃坝试验在 P8 的计算与实测水深

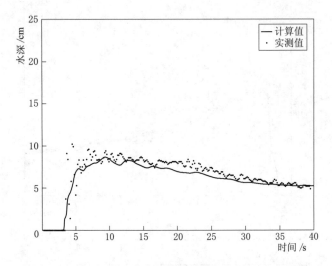

图 7.28 具有 45°弯的通道的溃坝试验在 P9 的计算与实测水深

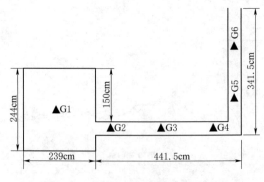

图 7.29 具有 90°弯的通道平面视图

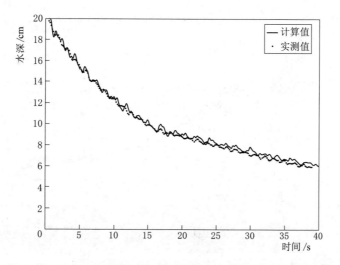

图 7.30 具有 90°弯的通道的溃坝试验在 G1 的计算与实测水深

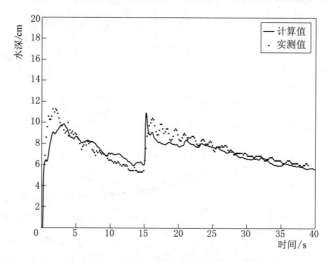

图 7.31 具有 90°弯的通道的溃坝试验在 G2 的计算与实测水深

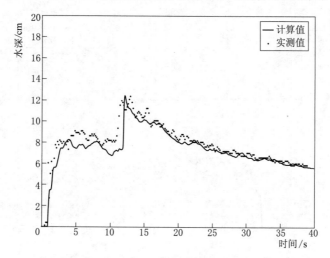

图 7.32 具有 90°弯的通道的溃坝试验在 G3 的计算与实测水深

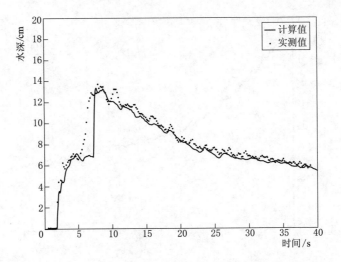

图 7.33　具有 90°弯的通道的溃坝试验在 G4 的计算与实测水深

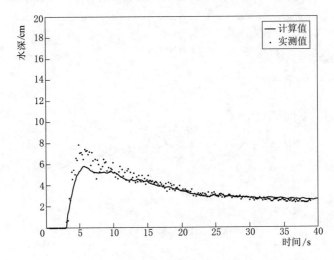

图 7.34　具有 90°弯的通道的溃坝试验在 G5 的计算与实测水深

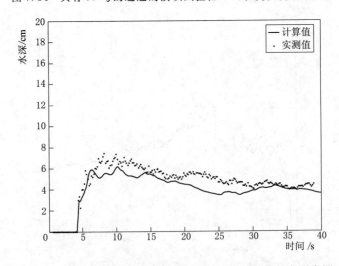

图 7.35　具有 90°弯的通道的溃坝试验在 G6 的计算与实测水深

参 考 文 献

Eskilsson, C., and Sherwin, S. J. (2004). A triangular spectral/hp discontinuous Galerkin method for modelling 2D shallow water equations. International Journal for Numerical Methods in Fluids, 45 (6), 605 – 623.

Fraccarollo, L., and Toro, E. F. (1995). Experimental and numerical assessment of the shallow water model for two – dimensional dam – break type problems. Journal of Hydraulic Research, 33 (6), 843 – 846.

Frazão, S. S., Sillen, X., and Zech, Y. (1998). Dam – break flow through sharp bends, physical model and 2D Boltzmann model validation. Proceedings of the 1st CADAM Meeting, Wallingford, UK.

Ippen, A. T., and Dawson, J. H. (1951). Design of channel contraction. Transactions of the American Society of Civil Engineers, 116, 326 – 346.

Lai, W., and Khan, A. A. (2012). A discontinuous Galerkin method for two – dimensional shallow water flows. International Journal for Numerical Methods in Fluids, 70 (8), 939 – 960.

Wang, J. W., and Liu R. X. (2000). A comparative study of finite volume methods on unstructured meshes for simulation of 2D shallow water wave problems. Mathematics and Computers in Simulation, 53 (3), 171 – 184.

第8章

不规则河道的二维浅水流模拟

模拟不规则河道中的二维水流必须考虑深度和河床高程的变化。为了保持数值格式的良好平衡性质（即避免由河床变化而产生的虚假水流），这里给出了适用于不规则河道的二维浅水流方程的一种形式，描述了应用于这种形式的方程的斜率限制器和通量近似，最后采用在实验室和天然河道的水流来检验模型。

8.1 自然渠道的二维浅水流方程

除了第 7 章所述的二维浅水流方程的形式，这些方程也可以用公式（8.1）的形式写出来。在这种形式中，河床坡度和静水压力项结合成水面梯度项。控制方程可以写为守恒形式如公式（8.2）所示。守恒变量 U、源项 S 和通量项 E、G 由公式（8.3）给出，矢量 Q 和 $E(Q)$ 由公式（8.4）给出。

$$\left.\begin{array}{c} \dfrac{\partial h}{\partial t}+\dfrac{\partial q_x}{\partial x}+\dfrac{\partial q_y}{\partial y}=0 \\[2mm] \dfrac{\partial q_x}{\partial t}+\dfrac{\partial q_x^2/h}{\partial x}+\dfrac{\partial q_x q_y/h}{\partial y}=-gh\,\dfrac{\partial Z}{\partial x}-ghS_{fx} \\[2mm] \dfrac{\partial q_y}{\partial t}+\dfrac{\partial q_x q_y/h}{\partial x}+\dfrac{\partial q_y^2/h}{\partial y}=-gh\,\dfrac{\partial Z}{\partial y}-ghS_{fy} \end{array}\right\} \tag{8.1}$$

$$\frac{\partial U}{\partial t}+\nabla\cdot F(U)=\frac{\partial U}{\partial t}+\frac{\partial E(U)}{\partial x}+\frac{\partial G(U)}{\partial x}=S(U) \tag{8.2}$$

$$\left.\begin{array}{cc} U=\begin{Bmatrix} h \\ q_x \\ q_y \end{Bmatrix} & S=\begin{Bmatrix} 0 \\[2mm] -gh\,\dfrac{\partial Z}{\partial x}-ghS_{fx} \\[2mm] -gh\,\dfrac{\partial Z}{\partial y}-ghS_{fy} \end{Bmatrix} \\[10mm] E(U)=\begin{Bmatrix} q_x \\ q_x^2/h \\ q_x q_y/h \end{Bmatrix} & G(U)=\begin{Bmatrix} q_y \\ q_x q_y/h \\ q_y^2/h \end{Bmatrix} \end{array}\right\} \tag{8.3}$$

· 112 ·

$$Q = TU = \begin{Bmatrix} h \\ q_x n_x + q_y n_y \\ -q_x n_y + q_y n_x \end{Bmatrix} \quad E(Q) = \begin{Bmatrix} q_x n_x + q_y n_y \\ \dfrac{(q_x n_x + q_y n_y)^2}{h} \\ \dfrac{(q_x n_x + q_y n_y)(-q_x n_y + q_y n_x)}{h} \end{Bmatrix} \tag{8.4}$$

8.2 数值通量和源项处理

若要将 HLLC 通量用于方程（8.1），则应使用第 7 章公式（7.18）～公式（7.20）给出的波速。使用图 6.2 中所示单元的表示法（参见第 6 章），源向量中的水面坡降的计算可以用格林定理（Ying 等，2009）确定，见公式（8.5）和公式（8.6）。由公式（8.5）和公式（8.6）给出的水面坡降项在积分的时候视作常数项。

$$\Omega_0 \frac{\partial Z}{\partial x} = \oint_{\Gamma_0} Z \, dy = \sum_{k=1}^{3} Z_{0k} \Delta y_k$$
$$= Z_{01}(y_{n2} - y_{n1}) + Z_{02}(y_{n3} - y_{n2}) + Z_{03}(y_{n1} - y_{n3}) \tag{8.5}$$

$$-\Omega_0 \frac{\partial Z}{\partial y} = \oint_{\Gamma_0} Z \, dx = \sum_{k=1}^{3} Z_{0k} \Delta x_k$$
$$= Z_{01}(x_{n2} - x_{n1}) + Z_{02}(x_{n3} - x_{n2}) + Z_{03}(x_{n1} - x_{n3}) \tag{8.6}$$

在这些公式中，Z_{0k} 是单元 0 和单元 k 在边界处的水位，Ω_0 是单元 0 的面积。可以使用单元 0 和单元 k 的水位确定水位 Z_{0k}。首先确定所有单元中心的水位平均值，然后用反距离加权法插值得到边界处的水位。以上的离散化可以保证如果主单元和周围单元的水位是一样的，则没有河床地形所产生的非物理流动。数值结果表明，这个源项的处理是精确的。

公式（8.1）具备静水平衡性质，在干湿边界处通过将 S 置零来实现。此外，在所有三个节点处具有零流速的单元不应用斜率限制器。虽然湿润单元的源项部分强制为零，在溃坝水流中进行数值试验表明洪水波仍然可以被精确模拟。

8.3 不规则河道的数值试验

在河床不规则的情况下，河床高度和静水压力项结合起来获得水位项。将水位项作为源项的一部分。接下来用几个试验来验证不连续 Galerkin 方法。

8.3.1 在具有三角形障碍物的通道中的溃坝水流

在该试验中，数值格式用于模拟溃坝水流流过一个三角形障碍物（Hiver，2000），该模型由（CADAM）提供。这里使用该试验数据并与数值结果进行比较。初始条件和河床地形如图 8.1 所示。矩形通道长 38m，宽 0.75m，闸门位于

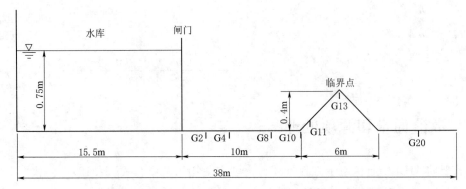

图 8.1　具有三角形障碍物的通道试验的参数布置

离上游端 15.5m 处。对称的三角形障碍物（长 6m，高 0.4m）位于闸门下游 13m 处。闸门上游的水深为 0.75m，下游为干河床。河床和侧墙的曼宁糙率系数分别为 0.0125s/m$^{1/3}$ 和 0.011s/m$^{1/3}$。在流出端应用自由出流边界条件（即无边界条件）。计算区域使用了 4352 个单元进行三角网格划分。使用 0.001m 的干河床深度和 0.006s 的时间步长。移除大坝后 90s 内在测量点处 G2、G4、G8、G10、G11、G13 以及 G20 的模拟和实测水位见图 8.2～图 8.8 中。（G2 点位于闸门下游 2m 处，G4 点位于闸门下游 4m 处，余同。）模拟结果与实测数据吻合较好。洪水到达时间和水深在所有测量点都可以很好地预测。位于障碍物顶点的临界点 G13 的干湿交替流也被正确地模拟出来。在 G20 点模拟和实测结果之间的差异主要来自实际出流边界条件的不确定性。

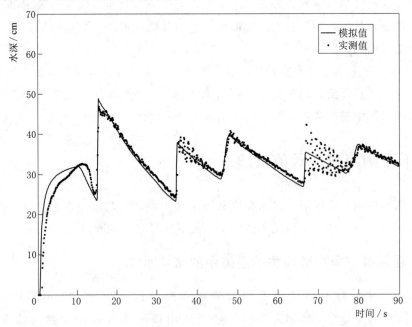

图 8.2　具有三角形障碍物的通道中的溃坝试验在 G2 的模拟与实测水深

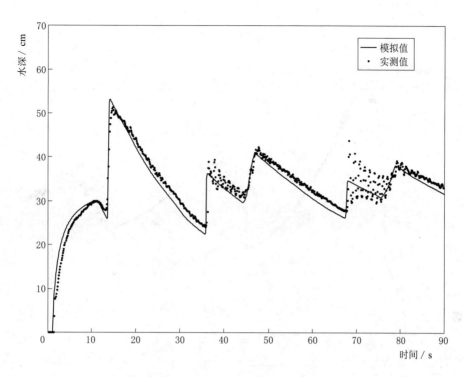

图 8.3　具有三角形障碍物的通道中的溃坝试验在 G4 的模拟与实测水深

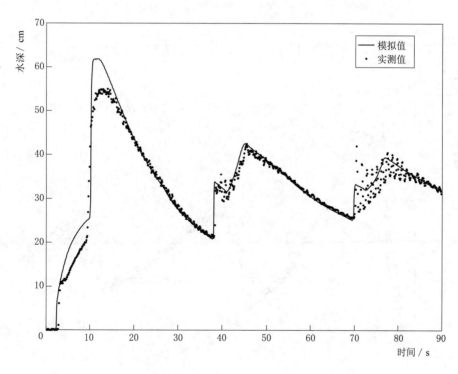

图 8.4　具有三角形障碍物的通道中的溃坝试验在 G8 的模拟与实测水深

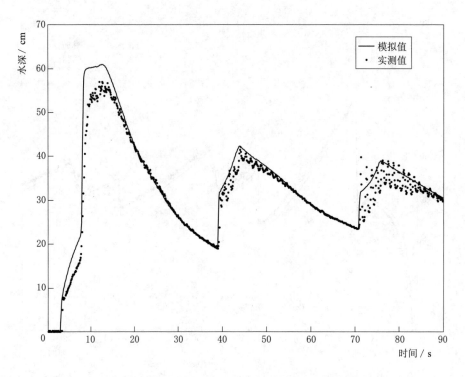

图 8.5　具有三角形障碍物的通道中的溃坝试验在 G10 的模拟与实测水深

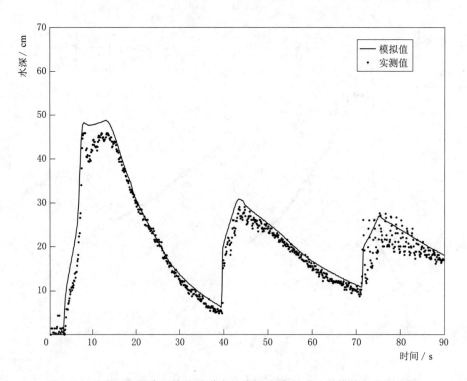

图 8.6　具有三角形障碍物的通道中的溃坝试验在 G11 的模拟与实测水深

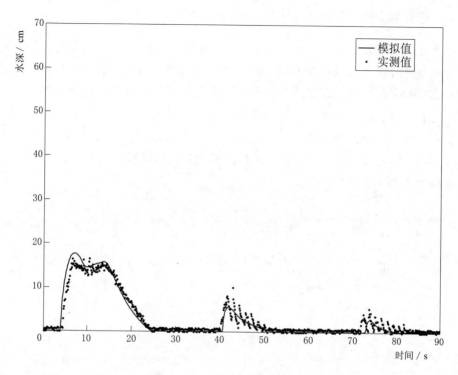

图 8.7 具有三角形障碍物的通道中的溃坝试验在 G13 的模拟与实测水深

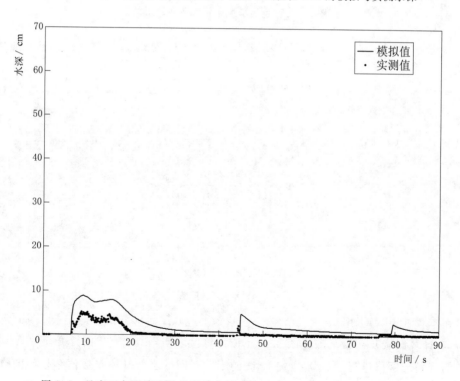

图 8.8 具有三角形障碍物的通道中的溃坝试验在 G20 的模拟与实测水深

8.3.2　在抛物线形河床中的干湿交替流

这里模拟一个抛物线形河床中具有轴对称摆动的自由表面流，用于检验数值模型处理干湿边界的能力以及质量和动量守恒特性。抛物线形河床轮廓及初始水面如图 8.9 所示，由公式（8.7）定义。在公式中，D_0 是从基面到河床在抛物线中心底部的距离，L 是中心到水线的距离。对于无摩阻的情况，水位和湿区域的速度的解析解由 Thacker（1981）给出，分别如公式（8.8）和公式（8.9）所示。参数 A 和 ω 分别由公式（8.10）和公式（8.11）给出，其中 Z_0 是抛物线形河床中心的水位。水深大于零的湿区域由公式（8.12）给出。

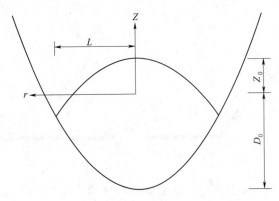

图 8.9　抛物线形河床轮廓及初始水面

$$z_b = D_0 \left(\frac{r^2}{L^2} - 1 \right), \quad r = \sqrt{x^2 + y^2} \tag{8.7}$$

$$Z(x,\ y,\ t) = D_0 \left\{ \frac{\sqrt{(1-A^2)}}{1 - A\cos(\omega t)} - 1 - \frac{r^2}{L^2} \left[\frac{(1-A^2)}{(1 - A\cos(\omega t))^2} - 1 \right] \right\} \tag{8.8}$$

$$(u(x,\ y,\ t),\ v(x,\ y,\ t)) = \frac{1}{2} \frac{\omega A \sin(\omega t)}{1 - A\cos(\omega t)}(x,\ y) \tag{8.9}$$

$$A = \frac{(D_0 + Z_0)^2 - D_0^2}{(D_0 + Z_0)^2 + D_0^2} \tag{8.10}$$

$$\omega = \frac{2\pi}{T} = \frac{\sqrt{8gD_0}}{L} \tag{8.11}$$

$$r^2 < \frac{L^2(1 - A\cos(\omega t))}{\sqrt{1 - A^2}} \tag{8.12}$$

在本模拟中，使用 $D_0 = 3\text{m}$，$Z_0 = 1\text{m}$，并且 $L = 3000\text{m}$，得出振荡周期 $T = 2457\text{s}$，计算区域及初始水深见图 8.10。该计算区域使用具有 27648 个单元和 14033 个节点的三角形网格进行划分。沿 $y = 0$ 线的不同时间的水位和流量数值结果如图 8.11～图 8.18 所示。计算值与精确解的比较显示该格式能够模拟干湿边界交替水流，也可以保持质量和动量守恒。

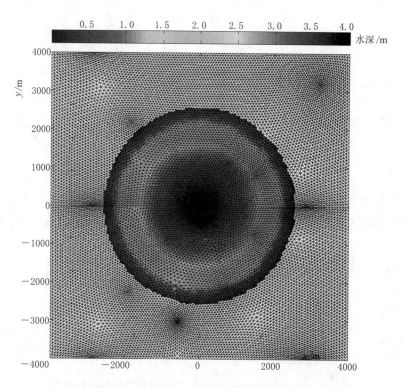

图 8.10 抛物线形河床的计算区域与初始水深（彩图 8.10）

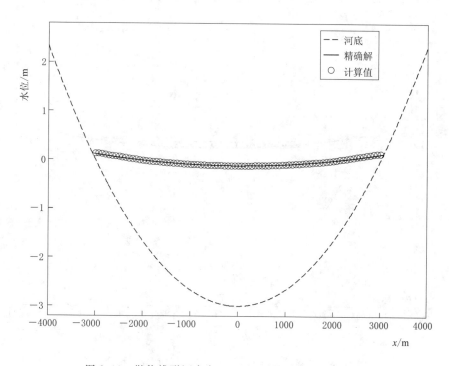

图 8.11 抛物线形河床在 $t=T/4$ 时的计算与精确水位

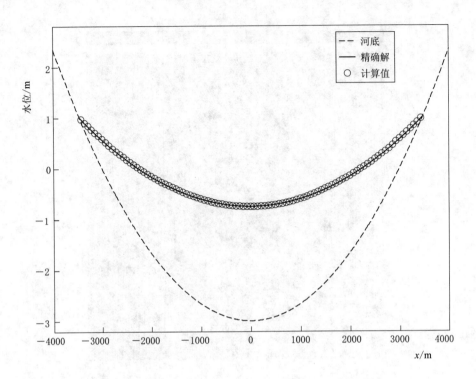

图 8.12   抛物线形河床在 $t = 2T/4$ 时的计算与精确水位

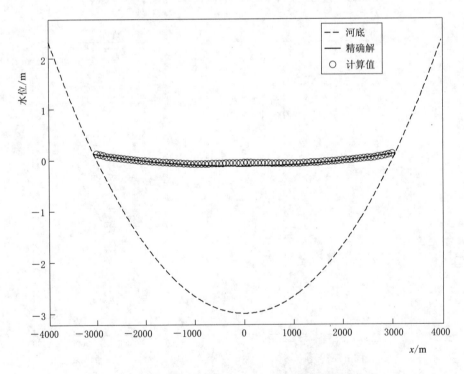

图 8.13   抛物线形河床在 $t = 3T/4$ 时的计算与精确水位

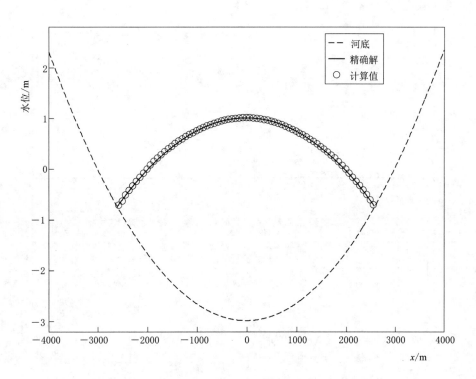

图 8.14 抛物线形河床在 $t = T$ 时的计算与精确水位

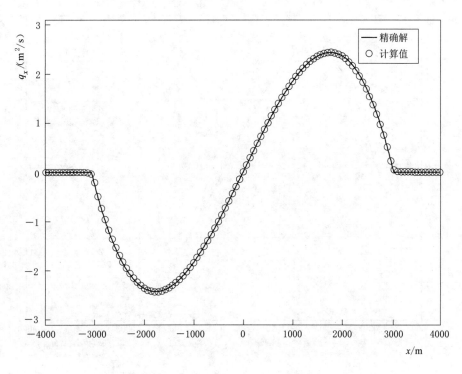

图 8.15 抛物线形河床在 $t = T/4$ 时的计算与精确流量

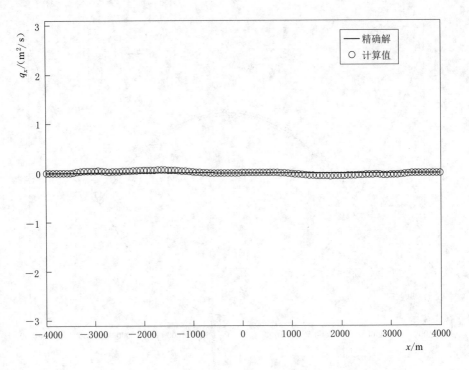

图 8.16　抛物线形河床在 $t=2T/4$ 时的计算与精确流量

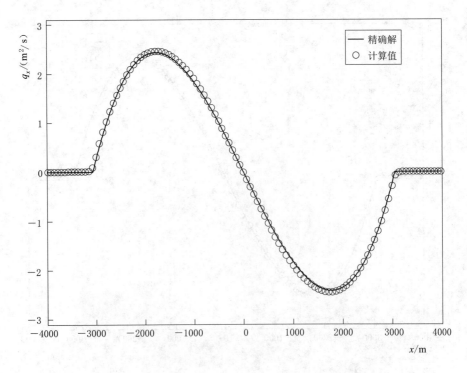

图 8.17　抛物线形河床在 $t=3T/4$ 时的计算与精确流量

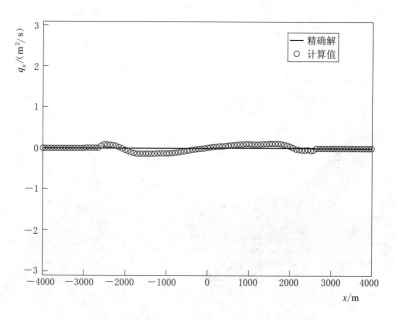

图 8.18　抛物线形河床在 $t=T$ 时的计算与精确流量

8.3.3　具有三驼峰的渠道的溃坝水流

该模型用于模拟溃坝水流发生在下游有三驼峰的渠道。渠道长 75m，宽 30m，有封闭的墙，河床由公式（8.13）定义。大坝位于 $x=16\text{m}$ 处，并保持上游 1.875m 水深，大坝河床下游是干燥的。河床地形和初始水面如图 8.19 所示。假设大坝立即被拆除，然后模拟水的流动。该试验使用干河床深度标准为 0.001m，时间步长为 0.01s，曼宁糙率系数 $0.018\text{s/m}^{1/3}$。不同时间的模拟水面如图 8.20～图 8.24 所示。结果表明该格式能够模拟高度不规则河道的干湿交替流。

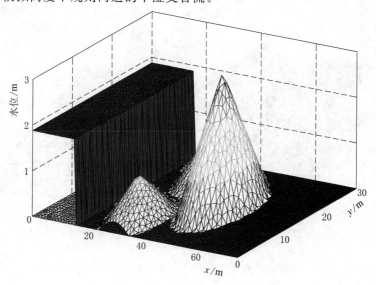

图 8.19　下游有三驼峰的渠道的初始条件与河床地形（彩图 8.19）

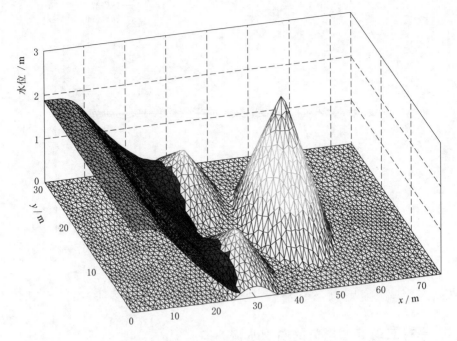

图 8.20   时间 $t=2\mathrm{s}$ 时溃坝水流在有三驼峰的渠道的水面轮廓（彩图 8.20）

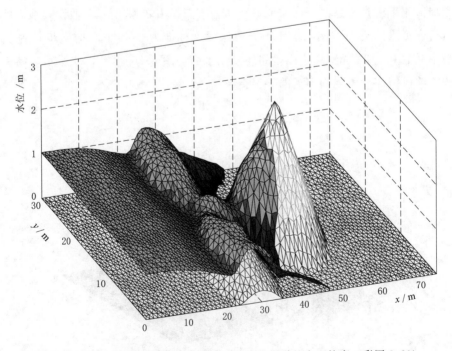

图 8.21   时间 $t=6\mathrm{s}$ 时溃坝水流在有三驼峰的渠道的水面轮廓（彩图 8.21）

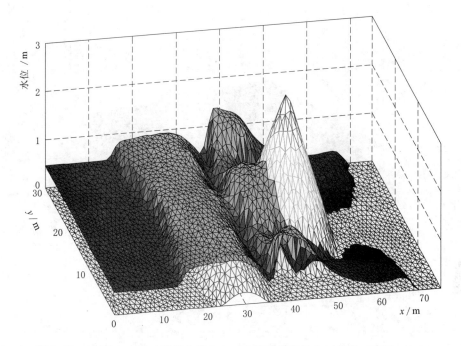

图 8.22 时间 $t = 12\mathrm{s}$ 时溃坝水流在有三驼峰的渠道的水面轮廓（彩图 8.22）

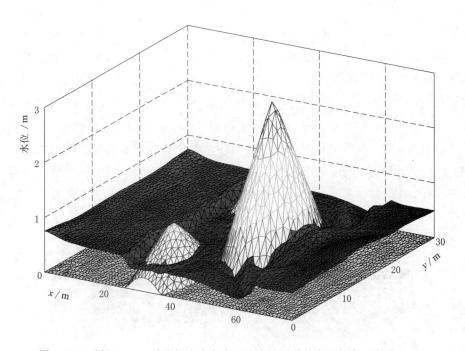

图 8.23 时间 $t = 30\mathrm{s}$ 时溃坝水流在有三驼峰的渠道的水面轮廓（彩图 8.23）

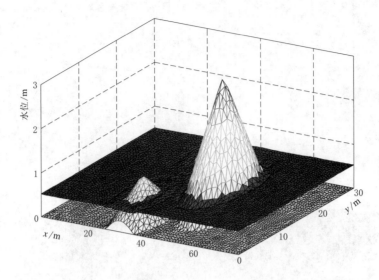

图 8.24　时间 $t=300\text{s}$ 时溃坝水流在有三驼峰的渠道的水面轮廓（彩图 8.24）

$$z_b\,(x,\ y)=\max\left[\begin{array}{l}0,\ 1-\dfrac{1}{8}\sqrt{(x-30)^2+(y-6)^2},\ 1-\dfrac{1}{8}\sqrt{(x-30)^2+(y-24)^2},\\[2mm] 1-\dfrac{3}{10}\sqrt{(x-47.5)^2+(y-15)^2}\end{array}\right]$$

$$(8.13)$$

8.3.4　托切河溃坝

这里模拟了托切河（Toce River）的溃坝洪水。这条河的物理模型是 ENEL - HYDRO(Ente Nazionale perl'Energia Elettrica) 实验室采用 1∶100 比例建造的托切河的一个河段，并在 CADAM 项目中使用（Frazão 和 Testa，1999）。在该试验中，曼宁糙率系数为 $0.0162\text{s}/\text{m}^{1/3}$，其他建模参数，如地形数据和入流量由法国电力公司（EDF）提供。托切河研究河段的河床地貌如图 8.25 所示，面积为 $46\text{m}\times10\text{m}$。这条河最初是干的，有一长方形水库位于上游。在物理模型进行了两种不同的试验（HY1 和 HY2）：一个在下游河段的水库没有溢流，另一个有溢流。相应的上游入流量（分别为 HY1 和 HY2）如图 8.26 所示，分别用作这两个试验的入流边界条件。两种试验在河道入口和出口处都使用临界流边界条件。

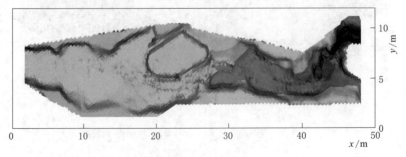

图 8.25　托切河研究河段的河床地貌

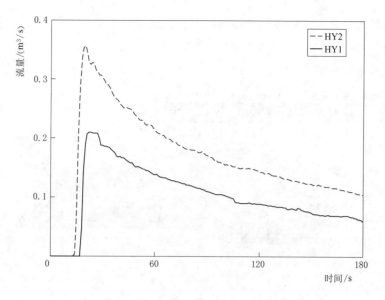

图 8.26　托切河试验上游入流量

对于这两种情况，在时间 $t=25\mathrm{s}$、$t=40\mathrm{s}$ 和 $t=60\mathrm{s}$ 时的水深见图 8.27～图 8.32。

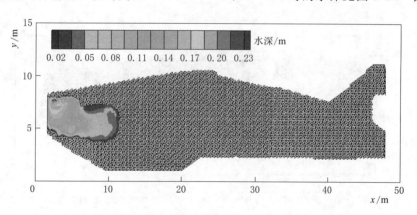

图 8.27　使用 HY1 的托切河试验在 25s 时的水深（彩图 8.27）

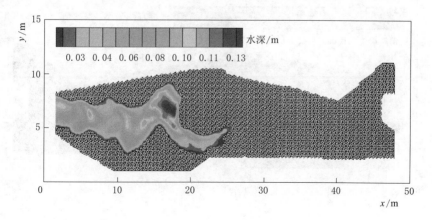

图 8.28　使用 HY1 的托切河试验在 40s 时的水深（彩图 8.28）

数值结果很好地预测到洪水的沿河传播。对于这两个试验，5 个测量点的计算和实测水位比较如图 8.33 和图 8.34 所示。这些测量点的位置见表 8.1。洪水到达时间和水位都被模型精确地模拟出来。

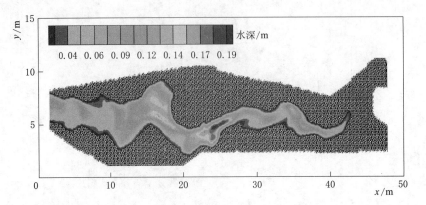

图 8.29　使用 HY1 的托切河试验在 60s 时的水深（彩图 8.29）

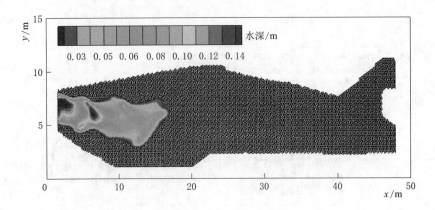

图 8.30　使用 HY2 的托切河试验在 25s 时的水深（彩图 8.30）

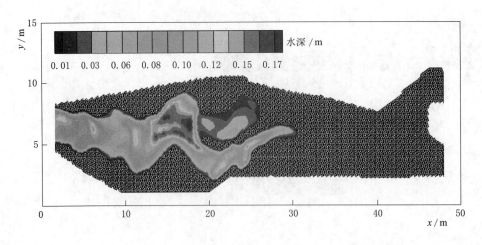

图 8.31　使用 HY2 的托切河试验在 40s 时的水深（彩图 8.31）

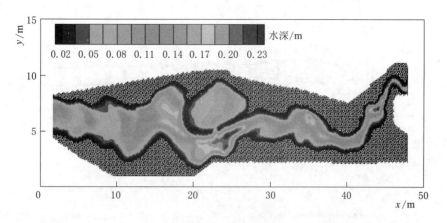

图 8.32 使用 HY2 的托切河试验在 60s 时的水深（彩图 8.32）

表 8.1   托切河试验测量点坐标

测量点	P1	P5	P13	P21	P26
x/m	2.917	11.264	20.879	33.115	45.794
y/m	6.895	6.083	4.130	6.090	9.437

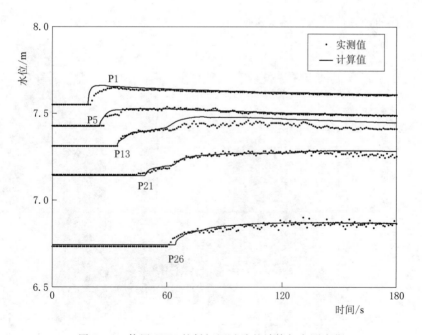

图 8.33 使用 HY1 的托切河试验的计算与实测水位

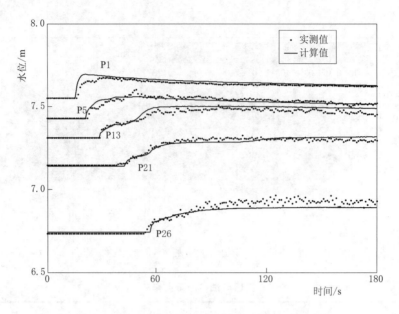

图 8.34　使用 HY2 的托切河试验的计算与实测水位

8.3.5　波特河溃坝

这个例子用于检验数值格式模拟在自然河流中溃坝水流的能力，其中包括复杂的几何形状、不规则河床地形和急弯河段。大坝位于厄瓜多尔的波特河（Paute River）。河流地形和三角划分数据可通过 BreZo 获得（Sanders 和 Begnudelli，2010）。具有74224 个单元的计算区域和初始水深如图 8.35 所示。该大坝被认为是（x，y）坐标为

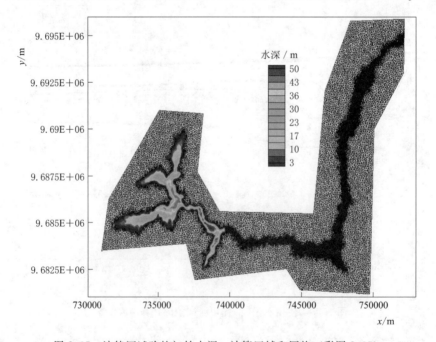

图 8.35　波特河试验的初始水深、计算区域和网格（彩图 8.35）

（739602m，9684690m）和（739616m，9684530m）之间的直线，大坝分出上游和下游区域。大坝上游的初始水位为 2362m，下游为干河床。使用曼宁糙率系数为 $0.033s/m^{1/3}$。模拟假设大坝瞬间失效并完全移除。图 8.36～图 8.38 显示了在时间 $t=$ 15min、$t=30min$ 和 $t=45min$ 时刻的计算水深。数值结果表明该格式能够模拟自然河流中的洪水。

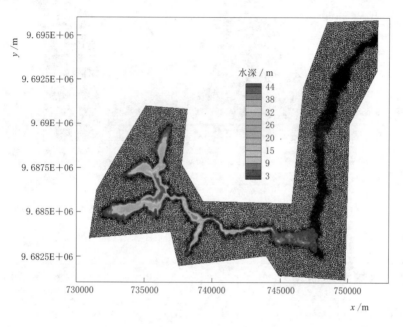

图 8.36　波特河溃坝试验在 15min 时的计算水深（彩图 8.36）

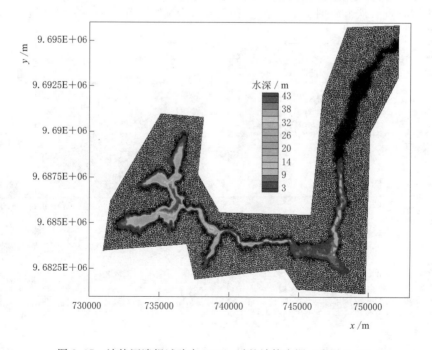

图 8.37　波特河溃坝试验在 30min 时的计算水深（彩图 8.37）

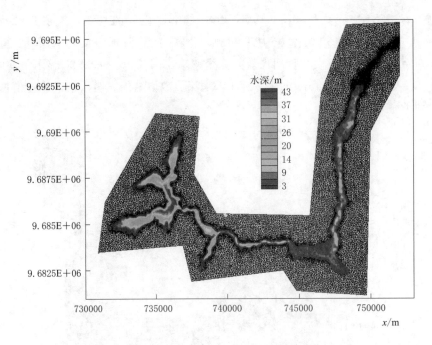

图 8.38　波特河溃坝试验在 45min 时的计算水深（彩图 8.38）

8.3.6　马尔帕塞坝溃坝

马尔帕塞（Malpasset）大坝位于法国的莱朗（Reyran）河谷，在 1959 年由于强降雨和水库水位迅速上升而溃坝。马尔帕塞溃坝洪水的计算区域如图 8.39 所示，包括了 17 个调查点（从上游到下游的 P1～P17 显示为圆圈）和 9 个测量点（从上游到下游

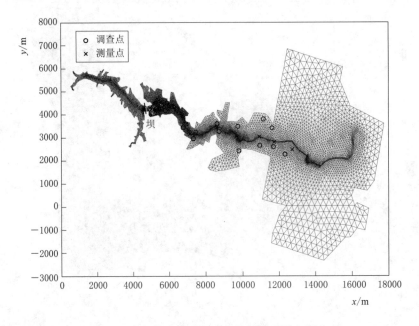

图 8.39　马尔帕塞坝溃坝试验的计算区域和调查点

的 S6～S14 显示为×号）。在调查点获得了大坝溃坝后的最高水位，通过国家水力实验室（Laboratoire National d'Hydraulique）建造的 1∶400 物理模型获得测量点处的水位最大值。

河床底部地形和测量数据由 CADAM 提供（Goutal，1999）。计算域覆盖范围为 17500m×9000m。大坝被认为是（x，y）坐标为 （4701.18m，4143.41m） 和 （4656.5m，4392.1m） 之间的直线，大坝分隔出上游水库和下游干河床两个区域。水库的初始水位为100m，莱朗河最初的水量被忽略，曼宁糙率系数为 0.029s/m$^{1/3}$。

图 8.40～图 8.42 显示在时间 $t=10$min、$t=20$min 和 $t=30$min 时的计算水深。测量点计算和实测的洪水波到达时间如图 8.43 所示。调查点和测量点的计算和实测最大水位分别见图 8.44 和图 8.45。洪水到达时间和最大水位的模拟结果与实测数据吻合较好。

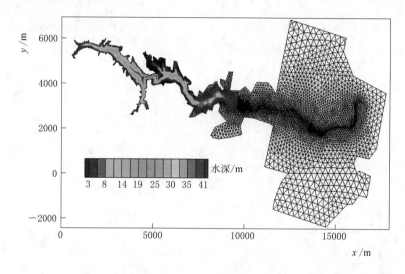

图 8.40　马尔帕塞坝溃坝试验在 10min 时的计算水深（彩图 8.40）

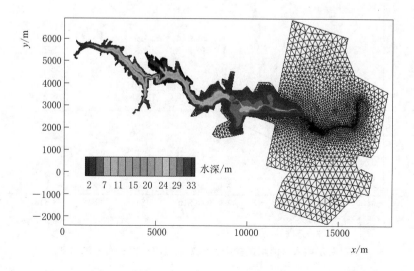

图 8.41　马尔帕塞坝溃坝试验在 20min 时的计算水深（彩图 8.41）

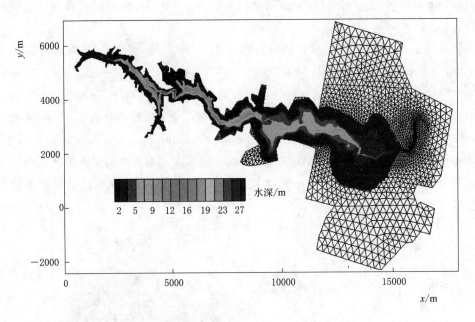

图 8.42　马尔帕塞坝溃坝试验在 30min 时的计算水深（彩图 8.42）

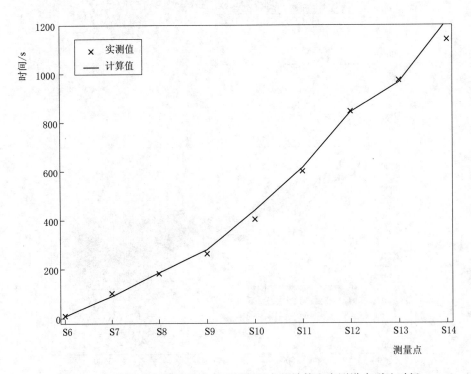

图 8.43　马尔帕塞坝溃坝试验中不同测量点的计算和实测洪水到达时间

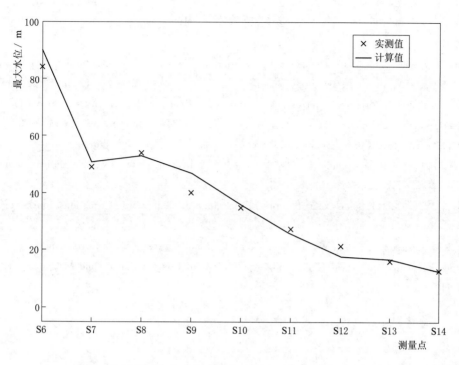

图 8.44 马尔帕塞坝溃坝试验的计算和实测的测量点最大水位

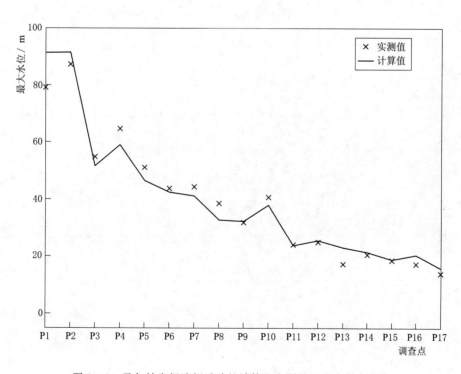

图 8.45 马尔帕塞坝溃坝试验的计算和实测的调查点最大水位

参 考 文 献

Goutal，N. (1999). The Malpasset dam failure—An overview and test case definition. Proceedings of the 4th CADAM Meeting，Zaragoza，Spain.

Hiver，J. M. (2000). Adverse-slope and slope (bump). In Concerted Action on Dam Break Modelling：Objectives，Project Report，Test Cases，Meeting Proceedings，edited by S. S. Frazão，M. Morris，and Y. Zech，Université catholique de Louvain，Louvain-la-Neuve，Belgium.

Sanders，B. F.，and Begnudelli，L. (2010). BreZo：A hydrodynamic flood simulation algorithm. http：//sanders. eng. uci. edu/brezo. html.

Thacker，W. C. (1981). Some exact solutions to the nonlinear shallow water equations. Journal of Fluid Mechanics，107，499-508.

Ying，X.，Jorgeson，J.，and Wang，S. S. Y. (2009). Modeling dam-break flows using finite volume method on unstructured grid. Engineering Applications of Computational Fluid Mechanics，3 (2)，184-194.

第 9 章

污 染 物 运 移

本章考虑具有污染物运移的一维和二维浅水流，具体讨论了控制方程及其特征，提出了运用不连续 Galerkin 方法的详细步骤，最后进行了几项试验以显示数值模型的适用性。

9.1 一维污染物运移

本节提出了在矩形通道中浅水流动与污染物运移的数值模型，概述了控制方程、运用不连续 Galerkin 方法的步骤、数值通量、初始条件、边界条件以及点源处理，使用在一维浅水流方程所描述的斜率限制方法（本章不再重复叙述）。

9.1.1 控制方程

对于矩形通道的一维浅水流，连续方程和动量方程分别由公式（9.1）和公式（9.2）给出，h 是水深，u 是流速度，q 是单位宽度流量，S_0 是河床坡度，S_f 是摩阻斜率，g 是重力加速度。污染物运移方程式由公式（9.3）给出，其中 T 是水深平均的污染物浓度，S_c 是水深平均的污染源或汇。运移方程可以与连续方程和动量方程通过速度和水深信息进行耦合。

$$\frac{\partial h}{\partial t} + \frac{\partial uh}{\partial x} = \frac{\partial h}{\partial t} + \frac{\partial q}{\partial x} = 0 \tag{9.1}$$

$$\frac{\partial uh}{\partial t} + \frac{\partial (hu^2 + gh^2/2)}{\partial x} = \frac{\partial q}{\partial t} + \frac{\partial (q^2/h + gh^2/2)}{\partial x} = gh(S_0 - S_f) \tag{9.2}$$

$$\frac{\partial hT}{\partial t} + \frac{\partial uhT}{\partial x} = S_c \tag{9.3}$$

这三个控制方程，即连续方程、动量方程和运移方程可以用守恒矢量形式由公式（9.4）给出。守恒变量的向量 U、通量向量 F 和源向量 S 由公式（9.5）给出。公式（9.4）中的雅可比矩阵由公式（9.6）给出，通过求解方程（9.7）可以找到其特征值，特征值由公式（9.8）给出，相应的特征向量由公式（9.9）给出。

$$\frac{\partial U}{\partial t} + \frac{\partial F}{\partial x} = S \tag{9.4}$$

$$\boldsymbol{U} = \begin{bmatrix} h \\ uh \\ hT \end{bmatrix} = \begin{bmatrix} u_1 \\ u_2 \\ u_3 \end{bmatrix} \qquad \boldsymbol{S} = \begin{bmatrix} 0 \\ gh(S_0 - S_f) \\ S_C \end{bmatrix}$$

$$\boldsymbol{F} = \begin{bmatrix} uh \\ hu^2 + gh^2/2 \\ uhT \end{bmatrix} = \begin{bmatrix} u_2 \\ u_2^2/u_1 + gu_1^2/2 \\ u_2 u_3/u_1 \end{bmatrix} \tag{9.5}$$

$$\boldsymbol{A} = \frac{\partial \boldsymbol{F}}{\partial \boldsymbol{U}} = \begin{bmatrix} 0 & 1 & 0 \\ gu_1 - \left(\dfrac{u_2}{u_1}\right)^2 & \dfrac{2u_2}{u_1} & 0 \\ -\dfrac{u_2 u_3}{u_1^2} & \dfrac{u_3}{u_1} & \dfrac{u_2}{u_1} \end{bmatrix} \tag{9.6}$$

$$\det(\boldsymbol{A} - \lambda \boldsymbol{I}) = \begin{vmatrix} -\lambda & 1 & 0 \\ gu_1 - \left(\dfrac{u_2}{u_1}\right)^2 & \dfrac{2u_2}{u_1} - \lambda & 0 \\ -\dfrac{u_2 u_3}{u_1^2} & \dfrac{u_3}{u_1} & \dfrac{u_2}{u_1} - \lambda \end{vmatrix} = 0 \tag{9.7}$$

$$\left.\begin{aligned} \lambda_1 &= u - \sqrt{gh} \\ \lambda_2 &= u \\ \lambda_3 &= u + \sqrt{gh} \end{aligned}\right\} \tag{9.8}$$

$$\boldsymbol{K}_1 = \begin{bmatrix} 1 \\ u - \sqrt{gh} \\ T \end{bmatrix}, \quad \boldsymbol{K}_2 = \begin{bmatrix} 0 \\ 0 \\ 1 \end{bmatrix}, \quad \boldsymbol{K}_3 = \begin{bmatrix} 1 \\ u + \sqrt{gh} \\ T \end{bmatrix} \tag{9.9}$$

由于控制方程有三个不同的特征向量，该偏微分方程系统是双曲型的。对于多种污染物种类，例如 T_1，T_2，$\cdots$，T_m，守恒变量的向量 $\boldsymbol{U}$ 和通量向量 $\boldsymbol{F}$ 由公式（9.10）给出。m 种不同污染物系统的特征值由公式（9.11）给出。

$$\boldsymbol{U} = \begin{bmatrix} h \\ uh \\ hT_1 \\ hT_2 \\ \vdots \\ hT_m \end{bmatrix} = \begin{bmatrix} u_1 \\ u_2 \\ u_3 \\ u_4 \\ \vdots \\ u_{m+2} \end{bmatrix} \qquad \boldsymbol{F} = \begin{bmatrix} uh \\ hu^2 + gh^2/2 \\ uhT_1 \\ uhT_2 \\ \vdots \\ uhT_m \end{bmatrix} = \begin{bmatrix} u_2 \\ u_2^2/u_1 + gu_1^2/2 \\ u_2 u_3/u_1 \\ u_2 u_4/u_1 \\ \vdots \\ u_2 u_{m+2}/u_1 \end{bmatrix} \tag{9.10}$$

$$\left.\begin{array}{l} \lambda_1 = u - \sqrt{gh} \\ \lambda_2 = \lambda_3 = \cdots = \lambda_{m+1} = u \\ \lambda_{m+2} = u + \sqrt{gh} \end{array}\right\} \qquad (9.11)$$

9.1.2 不连续 Galerkin 方法的步骤

本节给出了公式（9.4）所示的双曲型系统运用不连续 Galerkin 方法求解的步骤。一维域（$x = [0, L]$）被分为 Ne 个单元，让 $0 = x_1 < x_2 < \cdots < x_{Ne+1} = L$ 是区域的分区，一个典型单元由 $I_i = [x_s^i, x_e^i]$，$1 \leqslant i \leqslant Ne$ 给出。在单元内部，未知数通过拉格朗日插值近似函数由公式（9.12）给出。应用不连续 Galerkin 方法得到公式（9.13）。使用显式时间积分，公式（9.13）的每个分量可以写为公式（9.14）。公式（9.14）的解可以通过适当的数值积分和时间积分获得，如前面章节所述。

$$\left.\begin{array}{l} \boldsymbol{U} \approx \hat{\boldsymbol{U}} = \sum \boldsymbol{N}_j(\boldsymbol{x})\, \boldsymbol{U}_j(\boldsymbol{x},\, t) \\ \boldsymbol{F}(\boldsymbol{U}) \approx \hat{\boldsymbol{F}}(\boldsymbol{U}) = \boldsymbol{F}(\hat{\boldsymbol{U}}) \\ \boldsymbol{S}(\boldsymbol{U}) \approx \hat{\boldsymbol{S}}(\boldsymbol{U}) = \boldsymbol{S}(\hat{\boldsymbol{U}}) \end{array}\right\} \qquad (9.12)$$

$$\int_{x_s^e}^{x_e^e} \boldsymbol{N}_i \boldsymbol{N}_j \, \mathrm{d}x \, \frac{\partial \boldsymbol{U}_j}{\partial t} + \boldsymbol{N}_i \widetilde{\boldsymbol{F}} \Big|_{x_s^e}^{x_e^e} - \int_{x_s^e}^{x_e^e} \frac{\partial \boldsymbol{N}_i}{\partial x} \hat{\boldsymbol{F}} \, \mathrm{d}x = \int_{x_s^e}^{x_e^e} \boldsymbol{N}_i \hat{\boldsymbol{S}} \, \mathrm{d}x \qquad (9.13)$$

$$\int_{x_s^e}^{x_e^e} N_i N_j \, \mathrm{d}x \, \frac{\partial U_j}{\partial t} + N_i \widetilde{F} \Big|_{x_s^e}^{x_e^e} - \int_{x_s^e}^{x_e^e} \frac{\partial N_i}{\partial x} \hat{F} \, \mathrm{d}x = \int_{x_s^e}^{x_e^e} N_i \hat{S} \, \mathrm{d}x \qquad (9.14)$$

9.1.3 数值通量

对于多种污染物，控制方程的特征值由公式（9.15）给出。如果使用 Roe 通量求解器，系数 $\widetilde{\alpha}_i$、波速 $\widetilde{\lambda}_i$ 和特征向量 $\widetilde{\boldsymbol{K}}_i$（$i = 1, 2, \cdots, m + 2$）必须确定。另外，HLL 求解器只需要最快和最慢波速，在下文中采用结构简单的 HLL 求解器，另外，与 Roe 求解器相反，HLL 求解器不需要熵校正（Toro，2009）。使用 HLL 的近似数值通量求解器由公式（9.16）给出。波速由公式（9.17）近似。

$$\left.\begin{array}{l} \lambda_1 = u - \sqrt{gh} \\ \lambda_2 = \lambda_3 = \cdots = \lambda_{m+1} = u \\ \lambda_{m+2} = u + \sqrt{gh} \end{array}\right\} \qquad (9.15)$$

$$\boldsymbol{F}^{\mathrm{HLL}} = \begin{cases} \boldsymbol{F}_{\mathrm{L}}, & S_{\mathrm{L}} \geqslant 0 \\[2mm] \dfrac{S_{\mathrm{R}} \boldsymbol{F}_{\mathrm{L}} - S_{\mathrm{L}} \boldsymbol{F}_{\mathrm{R}} + S_{\mathrm{L}} S_{\mathrm{R}} (\boldsymbol{U}_{\mathrm{R}} - \boldsymbol{U}_{\mathrm{L}})}{S_{\mathrm{R}} - S_{\mathrm{L}}} & S_{\mathrm{L}} < 0 < S_{\mathrm{R}} \\[2mm] \boldsymbol{F}_{\mathrm{R}}, & S_{\mathrm{R}} \leqslant 0 \end{cases} \qquad (9.16)$$

$$\left.\begin{array}{l} S_{\mathrm{L}} = \min(u^- - \sqrt{gh^-},\ u^+ - \sqrt{gh^+}) \\ S_{\mathrm{R}} = \max(u^- + \sqrt{gh^-},\ u^+ + \sqrt{gh^+}) \end{array}\right\} \qquad (9.17)$$

9.1.4 初始条件和边界条件

初始条件和边界条件的实施应遵循前面章节中所概述的特征线方法（Cunge 等，1980）。因为有三个特征值，需要三个初始条件。很明显需要初始水深、流速和浓度来开始计算。表 9.1 为一维污染物运移方程求解所需的边界条件数目。

表 9.1 　　　　　　　　一维污染物运移方程求解所需的边界条件数目

水流状态	入流边界	出流边界
亚临界	2	1
超临界	3	0
临界	2	1

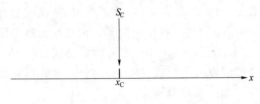

图 9.1　点源形态

9.1.5　点源计算

在实际问题中，污染物可以通过管道或下水道作为点源输送到河流中，如图 9.1 所示。点源可以被视为一个非常小区域的浓度分布的特殊情况。狄拉克 δ 函数满足公式（9.18）给出的条件。根据这个定义，不连续 Galerkin 方法对应于污染物源项由公式（9.19）给出。请注意，x_C 代表离散域中的网格点，即点源必须是位于网格节点。

$$\int_{-\infty}^{\infty} S_C(t)\delta(x - x_C)\,\mathrm{d}x = S_C(t) \qquad (9.18)$$

$$\int_{x_S^e}^{x_E^e} N_i \hat{S}_C \,\mathrm{d}x = \int_{x_S^e}^{x_E^e} N_i S_C(t)\delta(x - x_C)\,\mathrm{d}x = N_i(x_C) S_C \qquad (9.19)$$

9.1.6　数值试验

在第一个试验中，模拟了理想化的水平河床上的大坝溃坝，其中大坝上游和下游具有不同的污染物浓度。单位宽度的矩形通道长 1000m，大坝位于 500m。水深、流速和污染物浓度的初始条件由公式（9.20）给出。对于理想化的溃坝问题，可以找到水深和流速的精确解（Henderson，1966）。该污染物浓度分布有间断特点，污染物浓度的传送速度 u_C 由公式（9.21）给出（Audusse 和 Bristeau，2003），下标 L 和 R 分别表示大坝上游和下游的值，c_L 和 c_R 的值由公式（9.22）给出。

$$\left.\begin{array}{l} h(x \leqslant 500\mathrm{m},\ t=0) = 10\mathrm{m} \\ h(x > 500\mathrm{m},\ t=0) = 1\mathrm{m} \\ u(x,\ t=0) = 0 \\ T(x \leqslant 500\mathrm{m},\ t=0) = 0.8 \\ T(x > 500\mathrm{m},\ t=0) = 0.3 \end{array}\right\} \qquad (9.20)$$

$$\left[\left(c_L - \frac{u_C}{2}\right)^2 - c_R^2\right]\left[\left(c_L - \frac{u_C}{2}\right)^4 - c_R^4\right] - 2u_C^2\left(c_L - \frac{u_C}{2}\right)^2 c_R^2 = 0 \qquad (9.21)$$

$$\left.\begin{array}{l} c_L = \sqrt{gh_L} \\ c_R = \sqrt{gh_R} \end{array}\right\} \qquad (9.22)$$

这里，不连续 Galerkin 方法模型用于模拟瞬时拆除大坝后的溃坝水流。模拟区域内使用 200 个单元进行离散化。在时间 $t = 30\mathrm{s}$ 时水深、流速和污染物浓度的数值解和精确解在图 9.2～图 9.4 中进行了比较。数值解与精确解吻合较好。

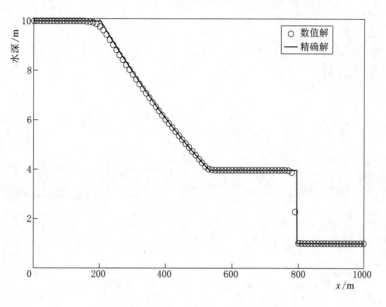

图 9.2　一维运移试验在溃坝后水深的数值解与精确解

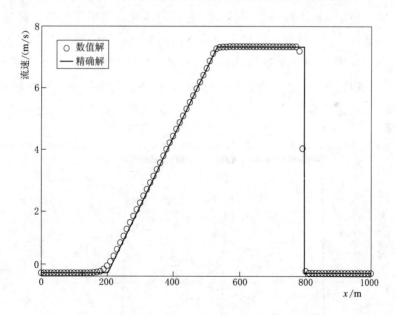

图 9.3　一维运移试验在溃坝后速度的数值解与精确解

在下一个试验中，模拟了作为点源的污染物排放。在 1000m 长的矩形水平通道中污染物初始浓度为零。在时间 $t = 0\mathrm{s}$，在点 $x_\mathrm{C} = 100\mathrm{m}$ 引入 $S_\mathrm{C} = 2.0$ 的污染源。均匀的水深（m）和流速（m/s）初始条件由公式（9.23）给出。

$$\left.\begin{array}{l} h(x,\ t = 0) = 1 \\ u(x,\ t = 0) = 1 \end{array}\right\} \qquad (9.23)$$

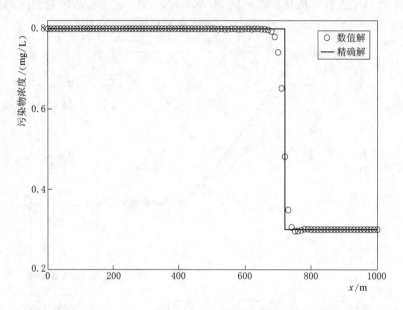

图 9.4　一维运移试验在溃坝后浓度的数值解与精确解

水深和流速将在整个模拟过程中保持恒定。如前一节所述,点源 x_C 应为模拟中的网格节点。区域使用 600 个统一大小的单元进行离散化。通道上游端的流速和下游端水深作为边界条件。在该试验中模拟了两种不同的情况。第一种情况,引入连续污染源 S_C,并给出在时间 $t=300\mathrm{s}$ 和 $t=600\mathrm{s}$ 沿着通道的浓度的数值结果如图 9.5 所示。第二种情况,点源在 $0 \leqslant t \leqslant 300\mathrm{s}$ 时有效,之后,释放的污染物通过对流输送,在 $t=300\mathrm{s}$ 和 $t=600\mathrm{s}$ 的浓度数值结果如图 9.6 所示。从结果可以看出,数值结果在激波前是耗散的。

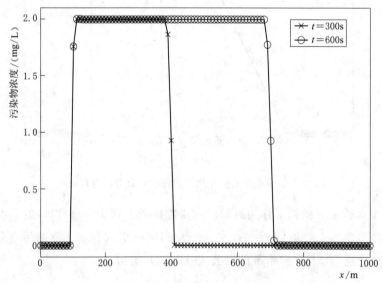

图 9.5　使用连续点源的一维运移试验的污染物浓度计算值

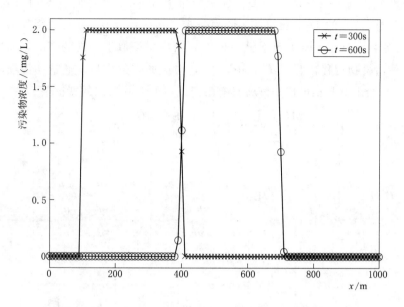

图 9.6 使用不连续点源的一维运移试验的污染物浓度计算值

9.2 二维污染物运移

本节讨论了具有污染物运移的二维浅水流的数值模型，概述了不连续 Galerkin 方法求解控制方程的步骤。数值通量计算和斜率限制方法与前面章节的二维浅水流方程完全相同。

9.2.1 控制方程

在二维浅水流的情况下，连续方程和动量方程分别由公式（9.24）和公式（9.25）给出。在这些方程中，h 是水深，u 和 v 分别是 x 和 y 方向的流速，$q_x = uh$ 和 $q_y = vh$ 是单位宽度流量，S_{0x} 和 S_{0y} 是河床坡度，S_{fx} 和 S_{fy} 分别是沿 x 和 y 方向的摩阻斜率。二维流中的污染物的运移方程由公式（9.26）给出，其中 T 是水深平均的污染物浓度，S_C 是污染源或汇。

$$\frac{\partial h}{\partial t} + \frac{\partial q_x}{\partial x} + \frac{\partial q_y}{\partial y} = 0 \tag{9.24}$$

$$\left.\begin{array}{l} \dfrac{\partial q_x}{\partial t} + \dfrac{\partial (q_x^2/h + gh^2/2)}{\partial x} + \dfrac{\partial (q_x q_y/h)}{\partial y} = gh(S_{0x} - S_{fx}) \\[2mm] \dfrac{\partial q_y}{\partial t} + \dfrac{\partial (q_x q_y/h)}{\partial x} + \dfrac{\partial (q_y^2/h + gh^2/2)}{\partial y} = gh(S_{0y} - S_{fy}) \end{array}\right\} \tag{9.25}$$

$$\frac{\partial hT}{\partial t} + \frac{\partial uhT}{\partial x} + \frac{\partial vhT}{\partial y} = S_C \tag{9.26}$$

污染物运移的控制方程，包括连续方程、动量方程和运移方程，可写成守恒形式

［公式（9.27）］。守恒变量的向量 $\boldsymbol{U}$、通量向量 $\boldsymbol{E}$ 和 $\boldsymbol{G}$ 以及源向量 $\boldsymbol{S}$ 由公式（9.28）给出。公式（9.27）的 4×4 雅可比矩阵由公式（9.29）给出。雅可比矩阵的特征值和特征向量分别由公式（9.30）和公式（9.31）给出。类似于一维的情况，如果二维浅水中有 m 种污染物运移，T_1，T_2，$\cdots$，T_m，对应的守恒变量、通量和源项的向量由公式（9.32）给出，其雅可比矩阵将具有由公式（9.33）给出的特征值。

$$\frac{\partial \boldsymbol{U}}{\partial t} + \nabla \cdot \boldsymbol{F} = \frac{\partial \boldsymbol{U}}{\partial t} + \frac{\partial \boldsymbol{E}}{\partial x} + \frac{\partial \boldsymbol{G}}{\partial y} = \boldsymbol{S} \tag{9.27}$$

$$\boldsymbol{U} = \begin{bmatrix} h \\ uh \\ vh \\ hT \end{bmatrix} = \begin{bmatrix} u_1 \\ u_2 \\ u_3 \\ u_4 \end{bmatrix} \qquad \boldsymbol{E} = \begin{bmatrix} uh \\ hu^2 + gh^2/2 \\ huv \\ uhT \end{bmatrix} = \begin{bmatrix} u_2 \\ u_2^2/u_1 + gu_1^2/2 \\ u_2 u_3/u_1 \\ u_2 u_4/u_1 \end{bmatrix}$$

$$\boldsymbol{G} = \begin{bmatrix} vh \\ huv \\ hv^2 + gh^2/2 \\ vhT \end{bmatrix} = \begin{bmatrix} u_3 \\ u_2 u_3/u_1 \\ u_3^2/u_1 + gu_1^2/2 \\ u_3 u_4/u_1 \end{bmatrix} \qquad \boldsymbol{S} = \begin{bmatrix} 0 \\ gh(S_{0x} - S_{fx}) \\ gh(S_{0y} - S_{fy}) \\ S_c \end{bmatrix} \tag{9.28}$$

$$\boldsymbol{A} = \frac{\partial \boldsymbol{F} \cdot \boldsymbol{n}}{\partial \boldsymbol{U}}$$

$$A_{11} = A_{14} = A_{24} = A_{34} = 0,$$

$$A_{12} = n_x, \quad A_{13} = n_y$$

$$A_{21} = \left(gu_1 - \left(\frac{u_2}{u_1}\right)^2\right)n_x - \frac{u_2 u_3}{u_1^2}n_y, \quad A_{22} = \frac{2u_2}{u_1}n_x + \frac{u_3}{u_1}n_y, \quad A_{23} = \frac{u_2}{u_1}n_y$$

$$A_{31} = \left(gu_1 - \left(\frac{u_3}{u_1}\right)^2\right)n_y - \frac{u_2 u_3}{u_1^2}n_x, \quad A_{32} = \frac{u_3}{u_1}n_x, \quad A_{33} = \frac{u_2}{u_1}n_x + \frac{2u_3}{u_1}n_y$$

$$A_{41} = -\frac{u_2 u_4}{u_1^2}n_x - \frac{u_3 u_4}{u_1^2}n_y, \quad A_{42} = \frac{u_4}{u_1}n_x, \quad A_{43} = \frac{u_4}{u_1}n_y, \quad A_{44} = \frac{u_2}{u_1}n_x + \frac{u_3}{u_1}n_y \tag{9.29}$$

$$\left. \begin{aligned} \lambda_1 &= un_x + vn_y - \sqrt{gh} \\ \lambda_2 &= \lambda_3 = un_x + vn_y \\ \lambda_4 &= un_x + vn_y + \sqrt{gh} \end{aligned} \right\} \tag{9.30}$$

$$\boldsymbol{K}_1 = \begin{bmatrix} 1 \\ u - \sqrt{gh}\,n_x \\ v - \sqrt{gh}\,n_y \\ T \end{bmatrix}, \quad \boldsymbol{K}_2 = \begin{bmatrix} 0 \\ n_y \\ -n_x \\ 0 \end{bmatrix}, \quad \boldsymbol{K}_3 = \begin{bmatrix} 0 \\ n_y \\ -n_x \\ 1 \end{bmatrix}, \quad \boldsymbol{K}_4 = \begin{bmatrix} 1 \\ u + \sqrt{gh}\,n_x \\ v + \sqrt{gh}\,n_y \\ T \end{bmatrix}$$

$$\tag{9.31}$$

$$\boldsymbol{U} = \begin{bmatrix} h \\ uh \\ vh \\ hT_1 \\ hT_2 \\ \vdots \\ hT_m \end{bmatrix} \quad \boldsymbol{E} = \begin{bmatrix} uh \\ hu^2 + gh^2/2 \\ huv \\ uhT_1 \\ uhT_2 \\ \vdots \\ uhT_m \end{bmatrix} \quad \boldsymbol{G} = \begin{bmatrix} vh \\ huv \\ hv^2 + gh^2/2 \\ vhT_1 \\ vhT_2 \\ \vdots \\ vhT_m \end{bmatrix} \tag{9.32}$$

$$\left. \begin{aligned} \lambda_1 &= un_x + vn_y - \sqrt{gh} \\ \lambda_2 = \lambda_3 &= \cdots = \lambda_{m+2} = un_x + vn_y \\ \lambda_{m+3} &= un_x + vn_y + \sqrt{gh} \end{aligned} \right\} \tag{9.33}$$

9.2.2 应用不连续 Galerkin 方法的步骤

具有污染物运移的二维浅水流方程的守恒方程形式由公式（9.34）给出。该计算区域被分成 Ne 个单元，如公式（9.35）所示。在单元内部，未知数用给定的公式（9.36）近似。通过公式（9.37）给出了方程组的不连续 Galerkin 方法公式，其中 $\tilde{F}$ 是跨越单元的数值通量，这里使用 HLL 函数来计算。

$$\frac{\partial \boldsymbol{U}}{\partial t} + \nabla \cdot \boldsymbol{F}(\boldsymbol{U}) = \frac{\partial \boldsymbol{U}}{\partial t} + \frac{\partial \boldsymbol{E}(\boldsymbol{U})}{\partial x} + \frac{\partial \boldsymbol{G}(\boldsymbol{U})}{\partial y} = \boldsymbol{S}(\boldsymbol{U}) \tag{9.34}$$

$$\Omega \approx \hat{\Omega} = \bigcup_{e=1}^{Ne} \Omega_e \tag{9.35}$$

$$\left. \begin{aligned} \boldsymbol{U} \approx \hat{\boldsymbol{U}} &= \sum \boldsymbol{N}_j(\boldsymbol{x}) \boldsymbol{U}_j(\boldsymbol{x}, t) \\ \boldsymbol{F}(\boldsymbol{U}) &\approx \hat{\boldsymbol{F}} = \boldsymbol{F}(\hat{\boldsymbol{U}}) \\ \boldsymbol{S}(\boldsymbol{U}) &\approx \hat{\boldsymbol{S}} = \boldsymbol{S}(\hat{\boldsymbol{U}}) \end{aligned} \right\} \tag{9.36}$$

$$\int_{\Omega_e} \boldsymbol{N}_i \boldsymbol{N}_j \, d\Omega \frac{\partial \boldsymbol{U}_j}{\partial t} + \int_{\partial \Omega_e} \boldsymbol{N}_i \tilde{\boldsymbol{F}} \, d\Gamma - \int_{\Omega_e} \nabla \boldsymbol{N}_i \cdot \hat{\boldsymbol{F}} \, d\Omega = \int_{\Omega_e} \boldsymbol{N}_i \hat{\boldsymbol{S}} \, d\Omega \tag{9.37}$$

9.2.3 数值试验

第 9.1.6 节中的理想化溃坝问题在这里用做二维的试验。通道宽度为 1000m，初始条件由公式（9.38）给出，这里呈现了在溃坝后时间 $t = 30s$ 的模拟结果，计算水位和污染物浓度如图 9.7 和图 9.8 所示。沿河道中心线（$y = 500m$）的水深、流速和污染物浓度的模拟解和精确解如图 9.9～图 9.11 所示。模拟解与精确解吻合较好，而且激波被很好地捕获。在稀疏波中的模拟解和精确解之间有一点不同。

$$\left. \begin{aligned} h(x &\leqslant 500m, \ t=0) = 10m \\ h(x &> 500m, \ t=0) = 1m \\ u(t&=0) = 0, \quad v(t=0) = 0 \\ T((x &\leqslant 500m, \ t=0)) = 0.8mg/L \\ T(x &> 500m, \ t=0) = 0.3mg/L \end{aligned} \right\} \tag{9.38}$$

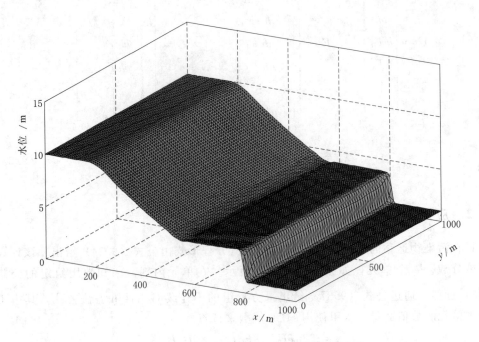

图 9.7　二维运移试验在 $t = 30s$ 时的计算水位

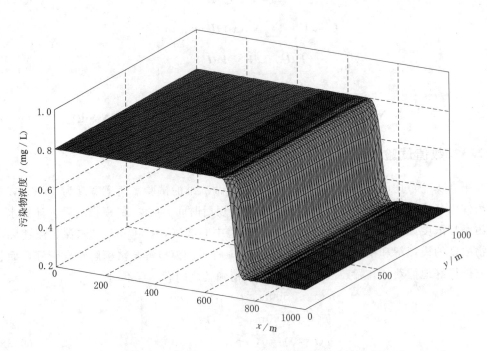

图 9.8　二维运移试验在 $t = 30s$ 时的污染物计算浓度

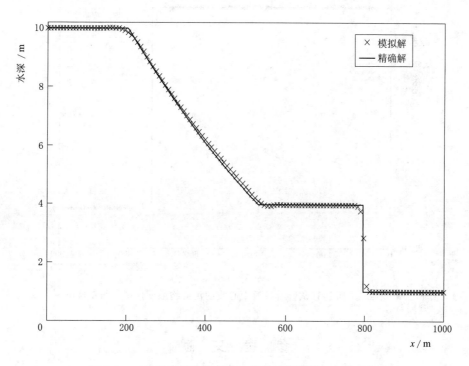

图 9.9 二维运移试验沿着中心线的水深模拟解与精确解

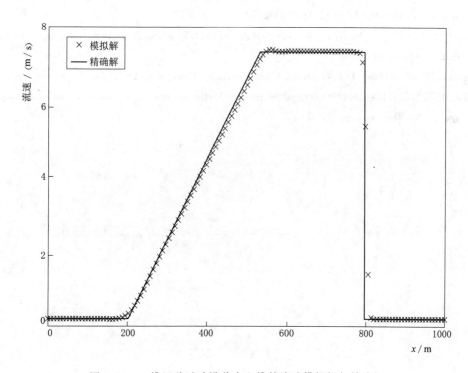

图 9.10 二维运移试验沿着中心线的流速模拟解与精确解

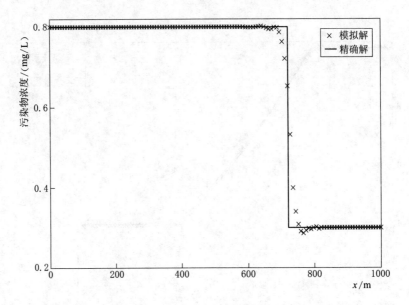

图 9.11 二维运移试验沿通道中心线的污染物浓度模拟解与精确解

参 考 文 献

Audusse，E.，and Bristeau M.O. (2003). Transport of pollutant in shallow water，a two time steps kinetic method. M2AN，37 (2)，389 - 416.

Cunge，J.A.，Holly，F.M.Jr.，and Verwey，A. (1980). Practical Aspects of Computational River Hydraulics. Pitman，London.

Henderson，F.M. (1966). Open Channel Flow. McGraw - Hill，New York.

Toro，E.F. (2009). Riemann Solvers and Numerical Methods for Fluid Dynamics，3rd ed. Springer - Verlag，Berlin，Heidelberg.

第 10 章

总　　结

本章总结了全书提出的主要思想，讨论了与所介绍内容的相关研究主题和潜在应用，重点说明了数值模拟的最新进展及不连续 Galerkin 方法的相关发展。

10.1　概述

本书介绍了不连续 Galerkin 方法的数值应用。重点集中在发展总变差减小（TVD）的龙格-库塔不连续 Galerkin 方法及其在一维和二维浅水流模拟中的应用。

为了向初学者介绍不连续 Galerkin 方法，第 2 章首先介绍了不连续 Galerkin 方法的步骤和一些数学预备知识。然后对常微分方程、对流方程和扩散试验应用不连续 Galerkin 方法来验证这些数值格式。

关于不连续 Galerkin 方法的更广泛的观点：它发展、理论、计算和应用，读者可参考相关文献 Cockburn，［1997、1999］；Cockburn 等，2000；Li，2006；Rivière，2008；Hesthaven 和 Warburton，2008］。

10.2　当前研究课题

通用的 $P_N P_M$ 方法为构造有限体积法和不连续 Galerkin 方法提供了统一的框架（Dumbser 等，2008；Dumbser，2010；Gassner 等，2011）。它是基于 N 阶的底层多项式，进行时间积分和通量计算时用一组阶数 $M \geqslant N$ 的不同的分段多项式，这种方法给出了有限体积法（$N=0$）和不连续 Galerkin 方法（$M=N$）的统一框架方法。基于欧拉方程和理想的磁流体动力学（MHD）的数值结果表明中间格式（$N \neq 0$，$M > N$）在计算上比有限体积法或不连续 Galerkin 方法更有效（Dumbser 等，2008）。

斜率限制器在不连续 Galerkin 方法中起着重要作用。一个理想的斜率限制器应该能够保持高阶精度并消除激波周围的非物理振荡。近年来，各种斜率限制器已经被开发出来，诸如总变差减小（TVD）格式（Tu 和 Aliabadi，2005；Krivodonova，2007；Lai 和 Khan，2012），本质非振荡（ENO）和加权本质非振荡（WENO）格式（Dumbser 等，2008；Zhu 等，2008；Zhu 和 Qiu，2009）。高阶斜率限制器的不断发展和完善已成为发展不连续 Galerkin 方法的必要条件。

为了获得高阶不连续 Galerkin 方法，就需要适合高阶空间离散的高阶时间积分方法。可以在文献中找到最多为 4 阶的总变差减小龙格-库塔方法［Gottlieb 和 Shu，1998］。此外，在不连续 Galerkin 方法中，除了显式的非线性总变差减小龙格-库塔方法外，时间积分也可以通过 Cauchy－Kowalewski 步骤或者使用求导数的任意高阶格式（ADER）的 Lax－Wendroff(LW) 型时间离散化来实现。［将时间导数转换为空间导数，可以提供所需要的任意高阶方法］，得到的不连续 Galerkin 方法在文献中称为 LWDG（Qiu，2008）或 ADER－DG（Castro 和 Toro，2008）。

数值通量的计算在应用不连续 Galerkin 方法中是极为重要的。一个具有源项的非线性双曲型偏微分方程的广义黎曼问题已被开发（Titarev 和 Toro，2002；Toro，2009）。在广义黎曼问题中，初始条件是使用任意阶数近似但平滑地远离波动处。完整的黎曼求解器中的数值通量能够包含所有特征场，仍然是持续的研究主题（Toro，2006；Tokareva 和 Toro，2010；Toro 和 Dumbser，2011）。

除了浅水流问题外，不连续 Galerkin 方法已应用于各种实际问题，例如纳维-斯托克斯方程（Bassi 和 Rebay，1997；Bassi 等，2011）、欧拉方程（Cockburn 和 Shu，1998a；Dumbser 等，2008）、麦克斯韦尔方程（Cockburn 等，2004；Fezoui 等，2005）、哈密顿-雅可比（Hamilton－Jacobi）方程（Hu 和 Shu，1998；Cheng 和 Shu，2007）、磁流体动力学（Warburton 和 Karniadakis，1999；Dumbser 等，2008）、弹性动力学（Chien 等，2003；Abedi 等，2006）、多相流（Sun and Wheeler，2005；Marchandise 等，2006）、对流-反应-扩散系统（Cockburn 和 Shu，1998b；Houston 等，2002）和热传递（Li，2006）。

参 考 文 献

Abedi, R., Petracovici, B., and Haber, R. B. (2006). A space－time discontinuous Galerkin method for linearized elastodynamics with element－wise momentum balance. Computer Methods in Applied Mechanics and Engineering, 195 (25－28), 3247－3273.

Bassi, F., and Rebay, S. (1997). A high－order accurate discontinuous finite element method for the numerical solution of the compressible Navier－Stokes equations. Journal of Computational Physics, 131 (2), 267－279.

Bassi, F., Franchina, N., Ghidoni, A., and Rebay, S. (2011). Spectral p－multigrid discontinuous Galerkin solution of the Navier－Stokes equations. International Journal for Numerical Methods in Fluids, 67 (11), 1540－1558.

Castro, C. E., and Toro, E. F. (2008). ADER DG and FV schemes for shallow water flows. In Progress in Industrial Mathematics at ECMI 2006, Mathematics in Industry, edited by L. L. Bonilla, M. Moscoso, G. Platero, and J. M. Vega, 12, 341－345.

Cheng, Y., and Shu, C. W. (2007). A discontinuous Galerkin finite element method for directly solving the Hamilton－Jacobi equations. Journal of Computational Physics, 223 (1), 398－415.

Chien, C. C., Yang, C. S., and Tang, J. H. (2003). Three – dimensional transient elastodynamic analysis by a space and time – discontinuous Galerkin finite element method. Finite Elements in Analysis and Design, 39 (7), 561 – 580.

Cockburn, B. (1997). An introduction to the discontinuous Galerkin method for convection – dominated problems. In Advanced Numerical Approximation of Nonlinear Hyperbolic Equations (Lecture Notes in Mathematics,) edited by A. Quarteroni, CIME, Springer – Verlag, Berlin.

Cockburn, B. (1999). Discontinuous Galerkin methods for convection – dominated problems. In High – Order Methods for Computational Physics (Lecture Notes in Computational Science and Engineering, Vol. 9), edited by T. Barth and H. Deconik, 69 – 224, Springer – Verlag, Berlin.

Cockburn, B., Karniadakis, G. E., and Shu C. (2000). Discontinuous Galerkin Methods: Theory, Computation and Applications. Springer – Verlag, Berlin Heidelberg.

Cockburn, B., Li, F., and Shu, C. W. (2004). Locally divergence – free discontinuous Galerkin methods for the Maxwell equations. Journal of Computational Physics, 194 (2), 588 – 610.

Cockburn, B., and Shu, C. W. (1998a). The Runge – Kutta discontinuous Galerkin method for conservations laws V: Multidimensional systems. Journal of Computational Physics, 141 (2), 199 – 224.

Cockburn, B., and Shu, C. W. (1998b). The local discontinuous Galerkin method for time – dependent convection – diffusion systems. SIAM Journal on Numerical Analysis, 35 (6), 2440 – 2463.

Dumbser, M. (2010). Arbitrary high order $P_N P_M$ schemes on unstructured meshes for the compressible Navier – Stokes equations. Computer & Physics, 39 (1), 60 – 76.

Dumbser, M., Balsara, D. S., Tor, E. F., and Munz, C. (2008). A unified framework for the construction of one – step finite volume and discontinuous Galerkin schemes on unstructured meshes. Journal of Computational Physics, 227, 8209 – 8253.

Fezoui, L., Lanteri, S., Lohrengel, S., and Piperno, S. (2005). Convergence and stability of a discontinuous Galerkin time – domain method for the 3D heterogeneous Maxwell equations on unstructured meshes. ESAIM: Mathematical Modelling and Numerical Analysis, 39, 1149 – 1176.

Gassner, G., Dumbser, M., Hindenlang, F., and Munz, C. (2011). Explicit one – step time discretizations for discontinuous Galerkin and finite volume schemes based on local predictors. Journal of Computational Physics, 203, 4232 – 4247.

Gottlieb, S., and Shu, C. W. (1998). Total variation diminishing Runge – Kutta schemes. Mathematics of Computation, 67 (221), 73 – 85.

Hesthaven, J. S., and Warburton, T. (2008). Nodal Discontinuous Galerkin Methods: Algorithms, Analysis, and Applications. Springer, New York.

Houston, P., Schwab, C., and Suli, E. (2002). Discontinuous hp – finite element method for advection – diffusion – reaction problems. SIAM Journal on Numerical Analysis, 39 (6), 2133 – 2163.

Hu, C., and Shu, C. W. (1998). A discontinuous Galerkin finite element method for Hamilton – Jacobi equations. ICASE Report No. 98 – 2.

Krivodonova, L. (2007). Limiters for high – order discontinuous Galerkin methods. Journal of Computational Physics, 226 (1), 879 – 896.

Lai, W., and Khan, A. A. (2012). A discontinuous Galerkin method for two – dimensional shallow water flows. International Journal for Numerical Methods in Fluids, 70 (8), 939 – 960.

Li， B. Q. （2006）. Discontinuous Finite Elements in Fluid Dynamics and Heat Transfer. Springer – Verlag， London.

Marchandise， E. ， Remacle， J. ， and Chevaugeon， N. （2006）. A quadrature – free discontinuous Galerkin method for the level set equation. Journal of Computational Physics， 212 （1）， 338 – 357.

Qiu， J. （2008）. Development and comparison of numerical fluxes for LWDG methods. Numerical Mathematics： Theory， Methods and Applications， 1 （4），1 – 32.

Rivière， B. （2008）. Discontinuous Galerkin Methods for Solving Elliptic and Parabolic Equations： Theory and Implementation (Frontiers in Applied Mathematics， Vol. 35). SIAM， Philadelphia.

Sun， S. ， and Wheeler， M. F. （2005）. Discontinuous Galerkin methods for coupled flow and reactive transport problems. Applied Numerical Mathematics， 52 （2 – 3）， 273 – 298.

Titarev， V. A. ， and Toro， E. F. （2002）. ADER： Arbitrary high order Godunov Approach. Journal of Scientific Computing， 17， 609 – 618.

Tokareva， S. A. ， and Toro， E. F. （2010）. HLLC – type Riemann solver for Bear – Nunziato equations of compressible two – phase flow. Journal of Computational Physics， 229 （10），3573 – 3604.

Toro， E. F. （2006）. Riemann solvers with evolved initial conditions. International Journal for Numerical Methods in Fluids， 52 （4）， 433 – 453.

Toro， E. F. （2009）. Riemann Solvers and Numerical Methods for Fluid Dynamics. Springer – Verlag， Berlin， Heidelberg.

Toro， E. F. ， and Dumbser， M. （2011）. Reformulated Osher – type Riemann solver. In Computational Fluid Dynamics 2010： Proceedings of the Sixth International Conference on Computational Fluid Dynamics， IC-CFD6， edited by A. Kuzmin， Springer – Verlag， Berlin， Heidelberg.

Tu， S. ， and Aliabadi， S. （2005）. A slope limiting procedure in discontinuous Galerkin finite element method for gasdynamics applications. International Journal of Numerical Analysis and Modeling， 2 （2）， 163 – 178.

Warburton， T. C. ， and Karniadakis， G. E. （1999）. A discontinuous Galerkin method for the viscous MHD equations. Journal of Computational Physics， 152 （2）， 608 – 641.

Zhu， J. ， and Qiu， J. （2009）. Hermite WENO schemes and their applications as limiters for Runge – Kutta discontinuous Galerkin method， Ⅲ： Unstructured meshes. Journal of Scientific Computing， 39 （2）， 293 – 321.

Zhu， J. ， Qiu， J. ， Shu， C. ， and Dumbser， M. （2008）. Runge – Kutta discontinuous Galerkin method using WENO limiter Ⅱ： Unstructured meshes. Journal of Computational Physics， 227 （9）， 4330 – 4353.

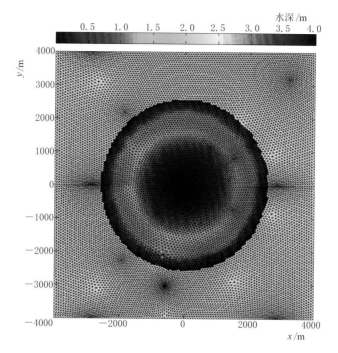

图 8.10 抛物型河床的计算区域与初始水深

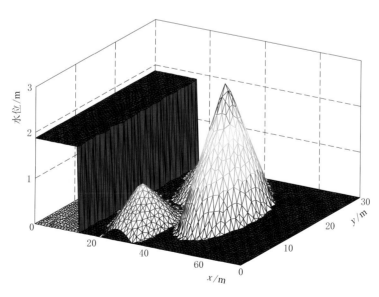

图 8.19 下游有三驼峰的渠道的初始条件与河床地形

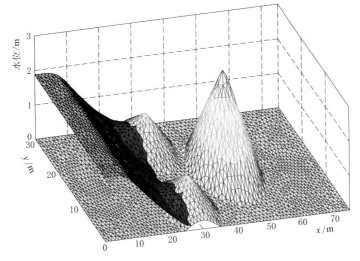

图 8.20　时间 $t=2\text{s}$ 时溃坝流动在有三驼峰的渠道的水面轮廓

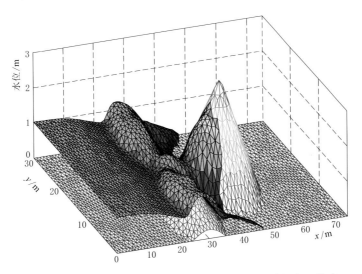

图 8.21　时间 $t=6\text{s}$ 时溃坝流动在有三驼峰的渠道的水面轮廓

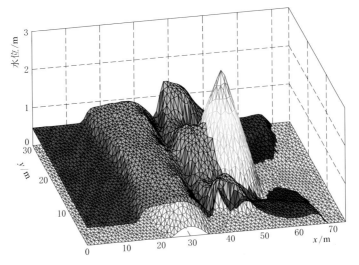

图 8.22　时间 $t=12\text{s}$ 时溃坝流动在有三驼峰的渠道的水面轮廓

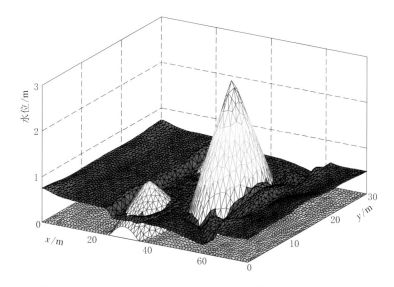

图 8.23　时间 $t=30s$ 时溃坝流动在有三驼峰的渠道的水面轮廓

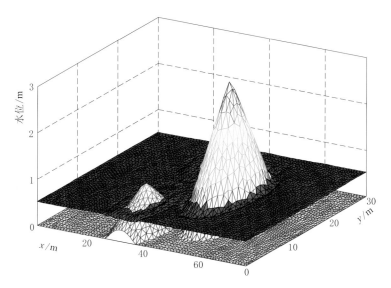

图 8.24　时间 $t=300s$ 时溃坝流动在有三驼峰的渠道的水面轮廓

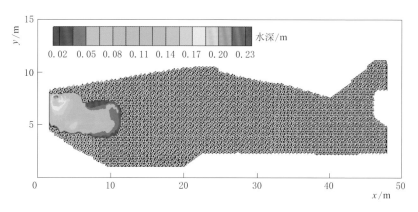

图 8.27　使用 HY1 的托切河试验在 25s 时的水深

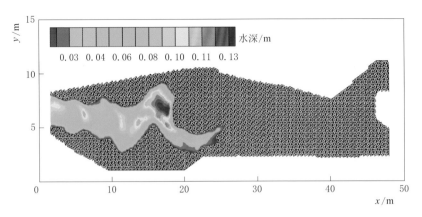

图 8.28　使用 HY1 的托切河试验在 40s 时的水深

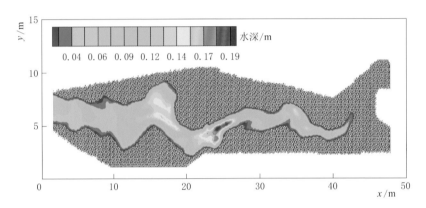

图 8.29　使用 HY1 的托切河试验在 60s 时的水深

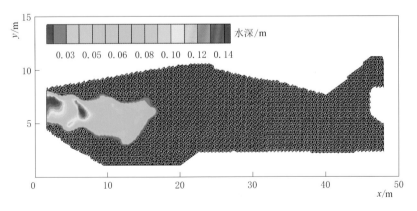

图 8.30　使用 HY2 的托切河试验在 25s 时的水深

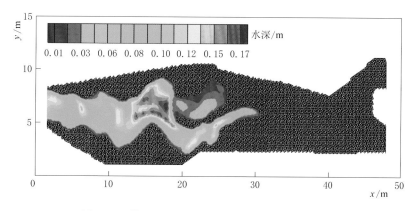

图 8.31　使用 HY2 的托切河试验在 40s 时的水深

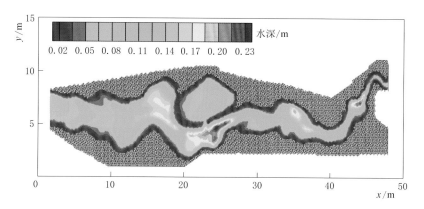

图 8.32　使用 HY2 的托切河试验在 60s 时的水深

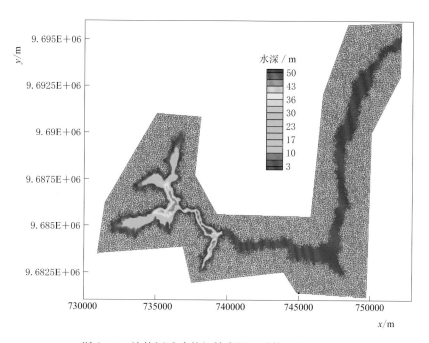

图 8.35　波特河试验的初始水深、计算区域和网格

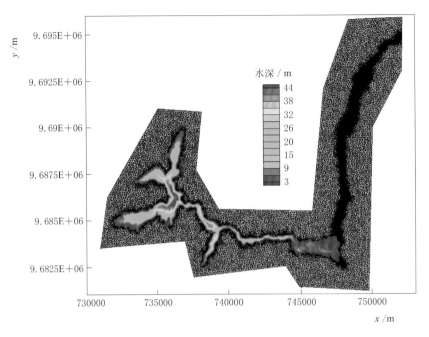

图 8.36　波特河溃坝试验在 15min 时的计算水深

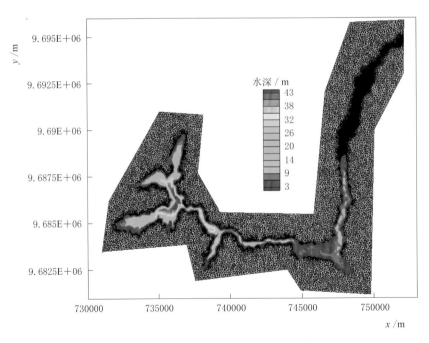

图 8.37　波特河溃坝试验在 30min 时的计算水深

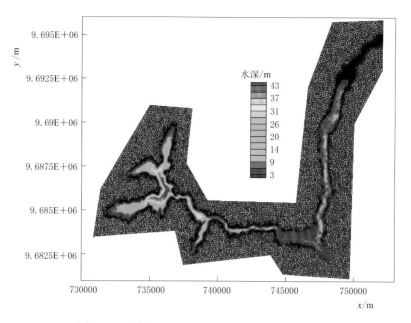

图 8.38　波特河溃坝试验在 45min 时的计算水深

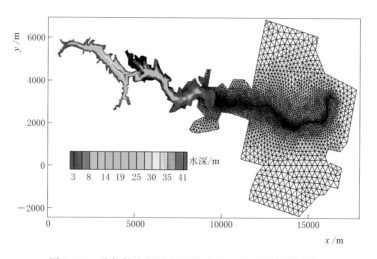

图 8.40　马尔帕塞坝溃坝试验在 10min 时的计算水深

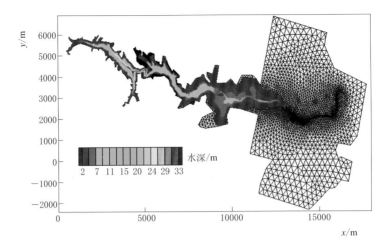

图 8.41　马尔帕塞坝溃坝试验在 20min 时的计算水深

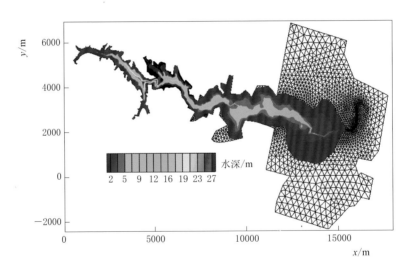

图 8.42　马尔帕塞坝溃坝试验在 30min 时的计算水深